Josef ZERLUTH, Michael GIENGER

L'eau et ses secrets

Nature et action de l'eau • Pour une eau de qualité

Avertissement
L'eau étant un aliment, non un médicament, sa consommation relève de l'hygiène alimentaire. Toutefois, dans le cas où ses propriétés seraient utilisées dans un but thérapeutique, les avis émis par les auteurs ne sauraient se substituer aux prescriptions des professionnels de la santé.

Éditions DésIris 2006
ISBN 2-915418-00-4

Ouvrage traduit et adapté de l'allemand

Traduction de Laurence Seguin
Mise en page de Gentiane Magnan

Édition originale
Gutes Wasser
Neue Erde Verlag 2004

Sommaire

À la fois mobile et immobile, l'eau coule
En un flux interrompu toujours changeant.
Jamais ne s'écoule dans le même lit,
En permanence cherche un nouveau chemin.

En apparence endormie, elle est en perpétuelle évolution,
Malgré une danse endiablée, elle maintient le cap.
N'offrant aucune résistance, elle épouse forme et structure
Tout en demeurant fidèle à elle-même.

Sans effort, elle conserve son équilibre
Et jamais ne se perd,
Collectée en nappe souterraine qui s'enfonce sous terre
Ou modelée en nuage qui s'évapore dans les airs.

Sphère parfaite, elle se laisse porter par le vent ;
En goutte ou en flocon, elle descend à toute vitesse vers la terre ;
En neige, elle dissimule le sol ; en glace, elle est aussi dure que la pierre ;
En pluie, elle nourrit la végétation ; en brouillard, elle l'enfume.

Dans un ruisseau, l'eau jaillit en source bouillonnante,
Dans un torrent bruissant, elle clapote des notes claires et mélodieuses,
Dans des gorges, elle tombe depuis des hauteurs vertigineuses,
Dans un fleuve en crue, elle cherche son lit.

En remplissant son lit, elle se transforme rapidement
En un fleuve majestueux qui se contorsionne en méandres.
Arrivée dans un lac, l'eau ne fait qu'une courte pause.
Elle ne retrouve sa sérénité que dans la mer où elle se libère de sa perpétuelle hâte.

Mais là aussi, le ressac bat sans cesse les rochers,
Enlace la terre, l'abandonne à nouveau,
Roule, vague après vague, sur la plage
Et jette sur le rivage les trésors des profondeurs marines.

Les flots des océans s'unissent pour transformer
Notre lumineuse planète en une balle bleue au sein de l'univers obscur.
Et au cœur des marées qui reviennent sans cesse
Déambulent de puissants courants au fil des océans.

Porteurs des messages météorologiques,
Les nuages, l'air et le vent poursuivent les océans.
Puisant leur force dans l'eau chauffée par le soleil,
Des tempêtes montant à l'horizon transforment le jour en nuit.

Ensuite l'eau disparaît dans la lumière du soleil,
Forme des nuages et revient sur terre,
En bruine légère, en pluie torrentielle ou en grain qui fouette le visage,
Avec éclairs et tonnerre se déchaînant dans les hauteurs glacées.

C'est ainsi qu'elle revient sur le sol,
Se collectant sans se presser dans les moindres creux
Où jaillit une source, fraîche et pure,
Dans laquelle retentit la chanson de l'éternel retour.

Nous ne pouvons que nous émerveiller des petits et grands miracles accomplis par cet élément unique dans la nature, dans les organismes des êtres vivants et même dans les tubes à essai de nos laboratoires. Sans eau, nous n'existerions pas, nos yeux ne pourraient pas lire ces lignes ; nous ne pourrions rien entendre et nous ne distinguerions pas, non plus, le haut du bas car c'est l'eau présente dans l'oreille interne qui nous le permet. Digestion, conduction nerveuse, mouvement musculaire, battement cardiaque, respiration, rien de tout cela ne serait possible sans eau. Oui, l'eau, c'est la vie !

L'eau permet de se déplacer, de se transformer et de se développer. Cela vaut aussi bien pour l'organisme humain que pour l'ensemble du monde vivant. Les pierres sur lesquelles nous marchons ont besoin d'eau pour changer de forme. L'eau joue un rôle déterminant en désagrégeant et en décomposant à nouveau des roches en surface, en les transportant et en les remodelant à un autre endroit. Le sol, qui nous paraît pourtant si solide et impérissable, est lui aussi constamment transformé et façonné par l'eau.

Là où il y a de l'eau, il y a de la vie. Ainsi, le désert se pare de fleurs dès la moindre ondée. Par leurs racines, les plantes s'efforcent d'atteindre l'humidité, en retenant l'eau de pluie ou en recherchant une source. Avec patience, elles la collectent, l'attendent en cas de sécheresse et il n'est pas rare qu'elles la partagent avec d'autres organismes vivants. La vie sur notre planète est d'abord apparue dans l'eau, des centaines de millions d'années avant de se risquer sur la terre ferme. Aujourd'hui encore, tous les êtres vivants dépendent étroitement de l'eau, une source d'eau restant toujours une source de vie. L'homme lui-même prend naissance dans un milieu aquatique : il faut neuf mois à son organisme pour se développer pendant qu'il flotte paisiblement et confortablement dans le liquide qui le réchauffe, l'enveloppe, le protège et le porte. Après la naissance, la situation s'inverse : représentant 70% de notre masse corporelle, l'eau est contenue dans notre organisme qui prévient d'éventuelles pertes grâce à la peau. L'eau est présente tout au long de notre vie et rien n'est plus rafraîchissant qu'une eau dans laquelle nous pouvons nous plonger ou nous baigner. Si nous venons à en manquer, c'est la déshydratation qui nous guette. Pour l'homme, l'eau est synonyme de vitalité et représente donc un élixir de longue vie mais elle peut également être son ennemie lorsque les éléments se déchaînent.

« Lorsque l'homme cherche l'eau, tel le randonneur cherchant des points d'eau dans le désert, c'est au-devant du genre humain qu'il s'achemine. »

L'eau érode ou collecte des particules dissoutes à un endroit pour les déposer ou les éliminer plus loin. Elle peut ainsi acheminer des éléments arrachés à une montagne jusque dans les fonds marins. S'écoulant dans les méandres, elle sape la rive extérieure tandis que de nouveaux sédiments se déposent dans leur partie intérieure, créant ainsi un lit sinueux. Comme un chimiste qui répéterait une réaction dans une éprouvette, la nature nous permet d'observer sans fin les propriétés contrastées de l'eau qui font d'elle un élément changeant par excellence : l'eau peut dissoudre ou précipiter des particules, les lier ou les dissocier, les réunir ou les séparer ; elle peut elle-même disparaître pour ensuite réapparaître.

L'eau peut s'écouler ou stagner, couler à flots ou être immobile, ruisseler ou être endiguée, perler, goutter ou être vaporisée et dispersée. L'eau peut s'élever ou au contraire descendre, porter et transporter ou engloutir et emporter dans les profondeurs. L'eau clapote, susurre, bouillonne, murmure, gronde et mugit. À la fois douce et dure, elle n'a pas de forme et pourtant elle façonne ; incolore, inodore et insipide, elle peut néanmoins contenir des odeurs, des saveurs et refléter toutes les couleurs dans un arc-en-ciel. L'eau est tout et rien à la fois.

N'est-il pas prodigieux de voir avec quelle facilité l'eau peut fissurer, éroder et dissoudre le calcaire solide avant de le déposer sous forme de concrétions fantastiques dans une grotte, à quelques mètres de profondeur ? Et même si nous connaissons les mécanismes chimiques qui président à ces formations, elles n'en restent pas moins fascinantes et intéressantes sur le plan esthétique. De manière tout aussi prodigieuse, l'eau transporte dans notre organisme combustibles, nutriments, déchets et toxines, en même temps et par les mêmes voies. Elle nous permet de générer de l'énergie à partir de notre alimentation, via des processus de combustion. Par ailleurs, si nous analysons les panaches qui s'échappent des cheminées industrielles, nous constatons à quel point nos techniques de combustion sont éloignées d'une véritable « technologie de l'eau ».

À quoi cela tient-il ? Au fait que nous ne comprenons pas encore très bien l'eau. Certes, nous l'utilisons en énormes quantités dans l'irrigation, comme eau potable, ingrédient dans la préparation de notre alimentation (cuisine), échangeur de chaleur, produit de lavage. Ce solvant, corps simple en chimie, fournisseur d'énergie (centrale hydro-électrique), accumulateur et conducteur d'énergie (chauffage central) est aussi un producteur de force (vapeur), un réfrigérant (eau ou glace), un moyen de transport (malheureusement aussi pour de nombreux déchets). Elle nous permet également de jouer, faire du sport ou simplement de passer d'agréables moments. Mais nous ne connaissons toujours pas le potentiel de « l'eau vivante » ! Sinon, nous utiliserions autrement cet élément bien plus précieux que l'or. Même si celui-ci est rare et a, par conséquent, plus de prix à nos yeux, nous ne pouvons ni le manger ni le boire, pas plus que nous ne pouvons nous en servir pour nous laver ou en extraire de l'énergie. Assez inutile pour notre santé, l'or ne brille que par son éclat.

Quoique plus discrète, l'eau s'impose à nous comme l'élément fondamental de notre vie. Si, brusquement, il n'y avait plus d'oxygène dans l'air, nous ne survivrions que quelques minutes ; sans lumière du soleil, tout serait gelé en quelques heures. Nous ne pourrions vivre que quelques semaines sans nourriture substantielle et seulement quelques jours sans eau. Mais, sans or ni argent, nous pourrions parfaitement vivre toute une vie ! Cependant, pour posséder de l'or, nous sommes bien souvent prêts à dénier toute valeur à l'eau, notre bien le plus vital. Cette échelle de valeur est très curieuse ! L'eau est d'ores et déjà tellement polluée et empoisonnée que nous pouvons de moins en moins la boire directement à la source. De l'Antiquité au Moyen Âge, l'empoisonnement des sources ou des puits était sévèrement puni. Avec l'industrialisation, cette loi pourtant indispensable est tombée dans l'oubli. L'eau, considérée jusque-là, dans toutes les cultures du monde, comme un élément sacré, est devenue une décharge des technologies agressives pour l'environnement. Constatant cette pollution, les scientifiques ont longuement étudié l'eau et l'ont de plus en plus appréhendée comme un « système vivant ».

Qu'est-ce que l'eau, exactement ? La molécule H_2O, bien entendu, constituée de deux atomes d'hydrogène et d'un atome d'oxygène, c'est ce que nous apprenons tous à l'école. Alors, comment peut-on

définir l'eau en réalité ? Aujourd'hui, personne ne peut répondre à cette question extrêmement complexe de manière formelle et détaillée. L'homme marche sur la Lune et lance des sondes sur Mars, sait diviser l'atome et fabriquer les plastiques les plus extravagants. Mais il ne connaît pas précisément la nature de l'eau. La question de l'eau renvoie à celle de la vie et à celle de l'homme. La science de l'eau est à la fois une science naturelle et une science humaine, et inversement. L'eau et la vie sont unies par des liens indissociables.

Saviez-vous que l'eau vive a le pouvoir de s'autonettoyer ? L'Institut pour les sciences des fluides, situé à Herrischried en Allemagne, a pu démontrer à travers différentes études qu'un ruisseau vivant et naturel possédait une capacité d'autonettoyage tellement puissante qu'il pouvait entièrement éliminer des substances nocives sur quelques kilomètres seulement. L'Institut a observé concrètement un cours d'eau de la région de la Forêt Noire : il a introduit dans celui-ci des eaux usées toxiques d'une brasserie et, après huit kilomètres, le ruisseau possédait à nouveau une remarquable qualité d'eau. Comment est-ce possible ? Le secret tient aux mots *vivant* et *naturel*. Les nombreux cours d'eau que l'homme oblige à suivre des lits détournés par sa main s'écoulent de manière passive et ne parviennent plus à effectuer un tel autonettoyage. Les polluants s'accumulent, transformant les ruisseaux aux eaux claires et pures en égouts nauséabonds. Cette constatation n'est pas nouvelle mais le problème de la pollution a été éludé pendant des années et le reste encore, bien que cette pollution ait petit à petit gagné les nappes souterraines comme les glaciers des hautes montagnes, et par là même nos principales réserves en eau potable !

Il est donc devenu essentiel d'étudier à nouveau le phénomène de l'eau et de ses pouvoirs. Étude nécessaire pour chacun d'entre nous, eu égard à notre propre consommation en eau potable, nécessaire aussi pour l'ensemble des êtres vivants de cette planète, afin de donner une chance à la nature de retrouver son équilibre. Lorsque nous comprendrons comment un cours d'eau naturel, considéré comme un « système aquatique vivant », parvient à s'autonettoyer complètement en l'espace de quelques kilomètres, nous pourrons alors en retirer des informations capitales, très importantes pour la gestion de l'eau potable, son rôle dans notre organisme, son utilisation en médecine. Nous l'utiliserons alors différemment dans l'industrie pour aboutir à une vraie « technologie de l'eau ». Alors, nous pourrons sauver le véritable « trésor de l'eau ».

Pour comprendre l'eau et l'utiliser de manière judicieuse et profitable, nous souhaitons aborder dans cet ouvrage le « phénomène de l'eau » sous plusieurs angles : tout d'abord, sous l'angle de l'observation de la nature, de l'étude des pouvoirs de l'eau et de ses propriétés. Les secrets les mieux gardés se dévoilent bien souvent lorsque nous observons les phénomènes évidents d'un œil neuf. Même si, au fond, nous connaissons bien l'eau, il est surprenant de constater tout ce qu'elle est capable de faire. Cette observation empirique nous entraîne vers les sciences (chimie, physique et biologie) qui expliquent et donnent les clés de bien des prodiges, mais pas de tous. En effet, l'eau ne respecte pas toutes les lois et c'est justement dans ces « anomalies » que résident les chances de la vie.

Tableau de conversion métrique

1 m (mètre) =	1 Å =
10 dm (décimètres)	0,1 nm
100 cm (centimètres)	0,000 1 µm
1 000 mm (millimètres)	0,000 000 1 mm
1 000 000 µm (micromètres)	0,000 000 01 cm
1 000 000 000 nm (nanomètres)	0,000 000 001 dm
10 000 000 000 Å (Ångström)	0,000 000 000 1 m

Pour décrypter le secret de l'eau « vivante », nous devons abandonner les « dogmes dominants » aux frontières étriquées. Les sciences naturelles proposent des explications remarquables pour la nature anorganique. Mais si nous nous situons dans le domaine du vivant ou à la frontière entre la nature vivante et anorganique, nous touchons aux limites des connaissances académiques. Les propriétés et les particularités de l'eau nous obligent justement à les franchir. De grands chercheurs comme le chimiste américain Linus Pauling, le chercheur allemand sur les biophotons Fritz-Albert Popp, le chimiste allemand et prix Nobel Wolfgang Ostwald ainsi que le physicien allemand Wilfried Hacheney, sont d'ores et déjà allés au-delà de ces connaissances académiques et ont ainsi approfondi notre compréhension de l'eau. Cependant, nos connaissances s'élargissent encore, de manière tout à fait surprenante, avec la « nanophysique », toute nouvelle discipline de la physique qui étudie les structures microscopiques inférieures à 100 nanomètres, c'est-à-dire de l'ordre du milliardième de mètre.

Avec l'eau, nous entrons dans un domaine où la chimie cesse brusquement de « respecter les lois » de la discipline, aussi incroyable que cela puisse paraître. C'est certainement dans cette indiscipline que se trouvent les racines du vivant car, si la chimie se comportait avec le vivant comme elle le fait avec les éléments anorganiques, il n'y aurait sûrement pas de vie ! En effet, la vie est possible car « l'intérieur » du vivant se comporte de manière radicalement différente de « l'extérieur » du non-vivant. L'eau est la clé et le plus petit dénominateur commun à tout cela.

Une meilleure connaissance de l'eau entraîne de nouveaux comportements en matière d'alimentation, de médecine, de protection de l'environnement et d'économie politique. Bien comprise et utilisée correctement, l'eau est une « technologie douce » aux nombreuses applications. Une eau saine peut garantir une bonne santé. À elle seule, cette considération vaut de l'or si l'on prend en compte les dépenses de santé colossales de 148 milliards d'euros en 2001 et de 158 milliards d'euros en 2002 en France. Par ailleurs, l'eau elle-même contribue assez souvent de manière efficace à apporter la guérison, à travers le thermalisme par exemple. En médecine aussi, elle est l'élément clé de la vie.

Prendre conscience de l'importance de la qualité de l'eau est particulièrement crucial, notamment en ce qui concerne l'eau potable que nous consommons quotidiennement. Eau de source, eau du robinet, eau minérale en bouteille ou même, en chimie, eau préparée sont autant de possibilités que nous allons étudier en détail du point de vue de la nature, de la science et de la « science frontière », pour ensuite mettre en pratique les connaissances récoltées. Une eau potable, vivante et de bonne qualité, renforce la vitalité tandis qu'une eau potable de mauvaise qualité la sape. Le constat de départ est aussi simple que cela. Et comment trouver encore aujourd'hui une bonne eau vivante : voilà le souhait essentiel formulé dans cet ouvrage.

Car qualité d'eau rime avec qualité de vie !

Chapitre 1

La nature de l'eau

« L'eau coule sans interruption et atteint son but :
image de l'insondable répété.
Ainsi l'homme noble marche dans la vertu durable
et exerce la fonction de l'enseignement. »

Yi King (hexagramme 29 : K'an, l'eau)

Quel est le pouvoir de l'eau ?

Si l'on observe l'eau dans la nature, afin de mieux connaître son comportement, ses capacités et ses propriétés, nous nous posons rapidement les questions suivantes : « où ? », « de quelle manière ? » ou « sous quelle forme ? ». L'eau est tout simplement omniprésente : elle imprègne l'air sans que nous la voyions mais, si le taux d'humidité est trop fort ou trop faible, nous le sentons aussitôt. Dans la nature, elle nous accompagne pas à pas, vive sous forme d'un petit cours d'eau, d'un ruisseau ou d'un fleuve, stagnante sous forme d'une flaque, d'un étang ou d'un lac et bien sûr houleuse, déferlante ou au contraire aussi lisse que de l'huile dans la mer. Nous la connaissons également sous forme cristalline lorsqu'elle tombe en millions de flocons de neige étoilés ou bien sous forme presque solide lorsqu'elle alimente un glacier aux dimensions et à la puissance majestueuses. Certes, nous apprenons tous en cours de physique et de chimie que l'eau gèle à 0°C et s'évapore à 100°C, mais qu'elle reste « invariablement liquide » entre ces deux extrêmes paraît difficile à croire. Même à 20°C dans une pièce, elle s'évapore petit à petit tandis que, dans le même temps, elle se cristallise à la dérobée dans un verre d'eau. Nous en montrerons des exemples concrets dans le chapitre 2. D'une manière générale, l'eau est constamment présente dans les trois états d'agrégation – liquide, gazeux et solide – défiant nos lois en matière de pression et de température.

Gauche: Eau, neige et nuages : présents en même temps au même endroit

Droite: Icebergs : dilatation de l'eau en gelant

Disparition et apparition

Avec beaucoup d'espièglerie, l'eau se mélange à d'autres substances, qu'elles soient gazeuses, liquides ou solides. Sous forme de vapeur et de buée, elle disparaît dans l'air pour réapparaître occasionnellement en goutte ou en flocon : elle forme ainsi des nuages ou des traînées de brume ou bien tombe en averse ou en chute de neige. Elle se mêle à des liquides, parfois intimement, comme dans l'alcool, parfois partiellement en s'infiltrant sous forme de gouttes, comme dans de nombreuses huiles ; elle se mélange même au pétrole ! Là encore, elle est capable de dénouer les liaisons chimiques en s'extrayant de l'alcool ou de l'huile. Elle n'agit pas autrement avec les solides : souvent, elle s'y infiltre lorsqu'elle est absorbée dans la terre ou prend place dans un réseau cristallin. Mais cette liaison n'est pas garantie à vie : à n'importe quel moment, l'eau peut sortir de terre sous forme d'une source ou se retirer du minéral qui se transformera en une nouvelle structure et prendra un nouveau nom. C'est de cette manière que l'opale, qui contient des molécules d'eau, se divise en plusieurs anneaux pour devenir un autre minéral appelé *calcédoine*.

L'eau se métamorphose sans cesse ; elle disparaît pour mieux réapparaître, et pas seulement au point de congélation ou d'ébullition. Au contraire, elle change constamment d'état. Selon les conditions, elle se répartit en proportions différentes, étant en partie solide, en partie liquide et en partie gazeuse mais, le plus souvent, un peu des trois à la fois. Cependant, quel que soit l'état dans lequel elle a choisi d'apparaître, jamais elle ne perd son identité.

Dilatation à l'état gazeux et solide

Si nous chauffons de l'eau, elle se dilate jusqu'à ce qu'elle bouille et se répande dans toute la pièce sous forme de vapeur. Au fond, cela n'a rien d'extraordinaire. En pratique, toutes les matières se comportent ainsi lorsqu'elles atteignent leur point d'ébullition. Ce qui est cependant exceptionnel dans le cas de l'eau, c'est qu'elle se dilate aussi en refroidissant et en gelant. Elle atteint sa plus forte densité à 4°C : c'est à cette température qu'elle occupe le moins d'espace. Si nous continuons à la refroidir, elle se dilate à nouveau si bien que, pour une masse identique, la glace prend plus de place que l'eau liquide. Il s'agit là d'un phénomène extraordinaire et cela explique pourquoi la glace, du fait de sa plus faible densité, flotte sur l'eau.

Geysers : dilatation de l'eau en s'évaporant

Cette anomalie s'explique par le fait que l'eau, lorsqu'elle atteint une température inférieure à 4°C, crée encore plus de liaisons entre ses molécules (voir également le chapitre 2). Celles-ci s'assemblent en une structure cristalline hexagonale en forme de nid d'abeille, d'où la construction à six branches des flocons de neige. Cette structure solide occupe plus d'espace que l'eau liquide, qui contient des molécules plus libres et moins liées. Plus le nombre de liaisons solides augmente, plus l'eau, voire la glace, occupe un volume important.

L'eau se dilate dans deux situations très différentes : la première, en cas de réchauffement et d'évaporation et, la deuxième, en cas de refroidissement et de congélation. L'eau atteint sa densité maximale et son volume minimal à 4°C. Cependant, nulle part sur cette planète, les états absolus ne se produisent en même

Légumes et eau pour être au mieux de sa forme !

temps. Sous forme de glace, l'eau a aussi tendance à s'évaporer : il s'agit du phénomène de lyophilisation. Dans l'eau à l'état liquide, des structures « cristallines », appelées *clusters**, apparaissent et disparaissent. Nous reviendrons plus en détail sur ce concept dans le chapitre 2.

Interactions

L'eau établit des liaisons étroites non seulement au sein de ses propres molécules mais aussi avec d'autres structures. Dans le même temps, elle s'infiltre en elles, se lie à elles tout en les modifiant. Par exemple, le bois gonfle et ramollit, la terre devient malléable et plastique. Notre nourriture ne devient bien souvent consommable qu'avec l'aide de l'eau (bouillante). Ainsi l'eau nous sert fréquemment à détremper et à décomposer. Mais l'effet inverse peut aussi se produire : l'eau permet de faire durcir le mortier et le plâtre. Elle tire parti de la fragilité et de la friabilité de nombreuses substances naturelles, y compris de certaines roches, lui permettant ainsi de les transporter plus facilement. Dans ce cas, l'eau favorise la stabilité et la solidité en liant, en remodelant et en cristallisant de nouvelles structures.

L'eau peut aussi bien amollir, ouvrir, rendre les molécules accessibles que les stabiliser, les solidifier et les durcir. Agissant sur de nombreuses structures, elle s'infiltre à l'intérieur et impose discrètement sa présence dans beaucoup de produits aussi bien naturels qu'artificiels.

L'eau absorbe et infiltre toutes les matières

Absorption et dépôt

L'eau détient l'immense pouvoir d'absorber des substances puis, dans des conditions favorables, de les libérer et de les déposer. Des solides de petite taille – des grains d'argile, par exemple – peuvent rester longtemps en suspension dans l'eau, formant ainsi la

* De l'anglais *cluster* qui signifie « agglomération, faisceau, grappe, agrégat, amas, groupe ».

fameuse boue, avant de se déposer et de clarifier l'eau petit à petit. Les colloïdes*, gouttelettes finement réparties qui ne se mélangent pas totalement à l'eau, peuvent rester encore plus longtemps en suspension. Parmi ceux-ci, on compte les gouttelettes de graisse du lait, les solutions à base d'acide silicique dans les minéraux ou la colle forte à base d'albumine ou d'amidon, le mot *colle* dérivant de *colloïde*. Seule la technique de coagulation permet dans ce cas de séparer l'eau et de concentrer le colloïde. En théorie, toutes les matières peuvent êtres contenues dans l'eau en quantité illimitée et former avec celle-ci une solution moléculaire : minéraux ou liaisons organiques comme le sel ou le sucre qui se dissolvent complètement jusqu'au niveau** atomique ou moléculaire pour être absorbés par l'eau. Toutes ces matières sont ensuite précipitées puis déposées lorsque l'eau disparaît, par exemple par évaporation. Leur concentration est devenue si élevée que l'eau ne peut plus les contenir.

Par sa capacité à dissoudre et à séparer, l'eau possède un formidable outil de transformation. Le processus de dissolution peut être sélectif (les différentes matières se dissolvent de manière variable), tout comme le processus de séparation (les différentes matières sont, selon les conditions, précipitées ou séparées). C'est ainsi qu'une substance entièrement nouvelle peut apparaître grâce à l'eau, comme nous pouvons le constater, par exemple, avec la formation de sel gemme ou de calcaire. Ce phénomène est même observable dans notre vie quotidienne, par exemple avec notre cafetière entartrée…

Eau vive et eau dormante

Le mouvement de l'eau paraît étrange : soit elle s'écoule vers l'aval, entraînée par la gravité, soit elle stagne dans des cuvettes et autres récipients. Pourtant, l'eau ne serait pas l'eau si les choses étaient aussi simples ! Dans le modeste filet d'eau d'une canalisation sans pression, on peut constater que l'eau possède toujours de manière inhérente un mouvement propre, une tendance à vibrer, à avoir des pulsations et à tourbillonner de manière rythmée. Visiblement, les molécules d'eau ne s'écoulent pas simplement les

* Du grec *kolla*, « colle ».
** Les atomes (du grec *atomos*, « indivisible ») sont les plus petites particules des éléments chimiques tandis que les molécules (du latin *moles*, « masse ») représentent les plus petites unités de liaisons chimiques.

unes contre les autres en allant droit au but comme l'on pourrait s'y attendre de la part d'un fluide. On dirait plutôt qu'elles sont, çà et là, « attachées les unes aux autres » et qu'elles s'écoulent en s'enroulant les unes autour des autres en formant des courbes, un peu comme une danseuse qui évoluerait en suivant une ligne sinueuse et en donnant alternativement un bras puis l'autre à son cavalier. L'eau « danse » aussi de cette manière car, même dans un fleuve rapide, une molécule « saisit » véritablement sa voisine pour la lâcher aussitôt. Cela s'explique par les forces d'attraction particulières et les liaisons éphémères construites entre les molécules d'eau, que nous étudierons plus en détail dans le chapitre 2.

En réalité, l'eau dormante n'est pas aussi tranquille qu'il n'y paraît. En observant une flaque ou une pierre naturellement creusée remplie d'eau, on peut observer des mouvements circulaires sur la surface polie comme un miroir. Sont-ils créés par un très léger souffle de vent, par la rotation de la Terre ou par la vibration du sous-sol ? Ou bien sont-ils produits par l'eau, laquelle ne cesse de jouer à « chat perché » avec ses molécules, même lorsqu'elle stagne ? Des millions de liaisons éphémères entre les molécules d'eau se font et se défont en l'espace de quelques secondes ; dans un simple verre, l'eau génère une subtile vibration permanente. Il y a déjà, ici, d'énormes différences au niveau de la « vivacité » de l'eau observée, vivacité bien souvent visible à travers une perturbation ou une goutte. Même l'eau stagnante subit un mouvement qui la rend réceptive et réactive par rapport aux autres vibrations.

Vasques calcaires de Pamukkale, Turquie

Lorsqu'elle s'écoule rapidement, l'eau conserve ses capacités particulières d'attraction et son agencement. Lorsqu'elle stagne, elle garde un mouvement subtil et permanent à travers ses liaisons et ses dissolutions rythmées. Elle conserve, en s'écoulant, sa disposition interne et, en stagnant, sa mobilité intrinsèque.

Contournement des résistances

L'eau montre des qualités appropriées lorsqu'elle rencontre des obstacles. Dans un flux permanent, la solidité interne de sa structure lui permet de venir à bout des résistances les plus dures. L'expression « petit à petit, l'oiseau fait son nid » illustre parfaitement cette action, comme dans une gorge où l'eau, tout en puissance, mugit et érode la roche. À l'opposé, le mouvement subtil de l'eau stagnante fait son œuvre, en s'infiltrant en permanence dans le mur du barrage qui, à un moment donné, se fissure et ne peut plus la retenir. Naturellement, dans un cas comme dans l'autre, il faut du temps mais au final, rien ne peut résister à l'eau.

L'eau n'exerce pas sa force de manière frontale face à un obstacle. Souvent, elle le contourne sans effort comme si elle s'en jouait, en suivant le chemin de moindre résistance. C'est ainsi qu'apparaissent les méandres des grands fleuves ou les tourbillons des torrents de montagne afin de contourner les rochers. Dans ces méandres ou ces tourbillons, la puissance de l'eau augmente, si bien que l'obstacle, qui commence par lâcher prise, ne résiste pas longtemps.

Poursuivant son chemin, l'eau, de gré ou de force, parvient à bout des résistances qui la défient. Avec docilité, elle remplit le moindre espace qu'elle rencontre tout en créant énergiquement son propre lit. L'eau sait s'imposer. « Le souple vainc le dur, le faible vainc le fort », affirme Lao-Tseu* dans le *Tao-Te-King*.

Gauche: Méandre : l'obstacle, qui sera finalement surmonté, ne subsistera pas longtemps.

Droite: « Le souple vainc le dur, le faible vainc le fort. »

Tourbillon et goutte

Curieusement, l'eau s'éloigne du centre lorsqu'elle s'écoule tandis qu'elle s'y concentre lorsqu'elle est immobile. Dans l'eau vive, c'est ainsi que se forment les tourbillons caractéristiques, soit par le frottement contre des obstacles (rochers, etc.), soit par le frottement « contre elle-même ». L'eau qui s'écoule en s'enroulant sur elle-même est entraînée vers l'extérieur par son mouvement circulaire (force centrifuge). Au centre du tourbillon créé, l'eau se creuse et

* Lao-Tseu (en chinois, « vieux maître ») est l'auteur du *Tao-Te-King*, ouvrage fondateur du taoïsme (en chinois, *tao* signifie « voie »).

Le tourbillon, danse éternelle de l'eau

Gouttes d'eau, modelées par l'équilibre des forces

se raréfie. Chaque tourbillon contient en son centre un espace vide qui ne perdure que quelques instants. Les tourbillons se transforment sans arrêt, devenant plus gros ou plus petits, se séparant pour ensuite se rassembler, dansant sur place ou se dissolvant dans les flots pour disparaître au bout de quelques instants, emportés par le courant. De toute évidence, les tourbillons exécutent la danse éternelle de l'eau, ils représentent le chaos vivant, la décomposition de la forme s'ouvrant sous l'effet de la vitesse. Ils sont le propre de la vie : dans notre organisme, tous les liquides corporels circulent en tourbillonnant et toutes les structures du monde vivant sont construites sur le modèle de la spirale. Par sa capacité à tournoyer en de nombreux petits tourbillons, l'eau montre qu'elle est vivante.

En l'absence de tout mouvement, l'eau s'assemble et chaque molécule se dirige vers le centre, créant ainsi la forme sphérique, sans effort et de manière tout à fait spontanée. C'est la forme qu'adopte l'eau lorsqu'elle est en suspension dans les nuages, le brouillard ou les océans. En tombant, la sphère prend la forme d'une goutte du fait de la résistance de l'air. Dans cette configuration, les forces extérieures qui s'exercent sur la goutte et la force intérieure qui cherche à rassembler les molécules au centre parviennent à l'équilibre. Aux antipodes des tourbillons qui s'élargissent et se séparent, l'eau dormante sphérique absorbe et rassemble ses molécules. Les sphères se rapprochent les unes des autres et se regroupent pour créer immédiatement une nouvelle sphère plus grande et toujours aussi parfaite. Les gouttelettes des nuages finissent ainsi par devenir de plus en plus lourdes : comme l'air ne peut plus les porter, elles tombent sous forme de pluie. Une fois au sol, elles rejoignent des eaux vives et tourbillonnantes, d'où elles s'échappent à nouveau très rapidement en s'évaporant. Ces gouttelettes condensent en altitude dans l'air plus froid et retrouvent leur forme sphérique parfaite.

Qu'elle soit dormante ou en suspension, l'eau dévoile sa force centralisatrice, montrant son parfait agencement sous forme de sphères closes. Vive et en mouvement, elle révèle sa force expansive par des tourbillons chaotiques, capricieux et changeants. Ainsi, l'eau peut aussi bien diriger des forces vers l'intérieur que vers l'extérieur et, par conséquent, agencer et rassembler ou, au contraire, dissoudre et disperser.

Transport et dépôt

L'eau est un moyen de transport remarquable. Par la puissance de son mouvement, elle peut acheminer des substances légères ou lourdes, parfois sur de longues distances. Lourds rochers, grains de sable ou d'argile, bois, végétaux, animaux, jusqu'aux plus petites substances organiques, l'eau transporte sa cargaison en la faisant flotter, rouler ou bien en la laissant en suspension. Année après année, les fleuves comme les courants marins charrient des pans entiers de terres pour les déposer en un autre lieu. Là où le courant s'apaise, une grande partie des matières transportées tombe au fond de l'eau. Des sédiments apparaissent et peuvent souvent, à l'échelle du temps géologique, atteindre une épaisseur de plusieurs milliers de mètres. Ces dépôts entraînent parfois la formation de nouvelles terres, gagnées sur l'eau sur plusieurs centaines, voire plusieurs milliers de kilomètres.

Gauche: Brouillard : fines gouttelettes d'eau en suspension

Milieu: L'eau porte et transporte

Droite: Sédiments côtiers : jadis déposés, aujourd'hui de nouveau érodés

Conductivité

Dans une eau stagnante, il existe toujours des « flux » invisibles. L'eau conduit la chaleur, le courant électrique et le son, ce dernier étant propagé encore plus rapidement que dans l'air. La chaleur se diffuse mieux à l'horizontale qu'à la verticale. Étant donné que la densité de l'eau change avec la température, l'eau chaude remonte en surface tandis que la froide descend vers le fond. Ainsi, des zones ayant différentes températures se superposent souvent sans se mélanger. Cette loi se démontre facilement par une expérience toute simple : lorsque nous nous baignons dans une eau chaude, si nous plongeons plus profondément, nous constatons que la température de l'eau change au fur et à mesure que nous descendons. À un niveau de profondeur donné, la température est constante, dans la mesure où aucun courant ne vient brasser l'eau. En revanche, le courant électrique se répand de manière égale dans toutes les directions avec une très forte résistance dans une eau totalement pure. Plus il y a de substances minérales dissoutes dans l'eau, plus la résistance est faible. Par conséquent, dans un faible périmètre, ce sont les molécules d'eau qui conduisent le courant. Si, en revanche, des matières dissoutes sont présentes dans l'eau, ce sont elles qui « portent » l'énergie.

L'eau n'absorbe que doucement la chaleur et la restitue tout aussi lentement. Au printemps et en été, il faut un certain temps à la mer pour se réchauffer correctement mais elle reste chaude jusqu'en automne. L'eau peut donc être utilisée comme accumulateur de chaleur, ce que nous faisons déjà dans nos installations de chauffage ou nos chauffe-eau. Les lacs de montagne aussi servent

Avec leurs organes sensoriels extrêmement sensibles, les êtres vivants aquatiques captent informations et signaux.

d'accumulateurs d'énergie. En haute montagne, l'eau peut servir à produire du courant dans les centrales électriques. L'« énergie potentielle » restituée par les torrents qui dévalent les pentes est transformée par des turbines et des générateurs pour produire de l'électricité. Dans de nombreux systèmes, les surplus d'électricité produits dans d'autres centrales peuvent être utilisés dans des périodes de moindres besoins afin de pomper de l'eau dans les massifs montagneux. En période de pointe, cette eau sert à fabriquer de nouveau de l'électricité afin de couvrir les courts moments de très forte consommation.

Ainsi, d'une part, l'eau peut diffuser l'énergie, tout comme elle propage le son, la chaleur et le courant électrique et, grâce à son pouvoir de conduction, elle peut transmettre des informations que les animaux marins – poissons, dauphins, baleines, entre autres – captent aisément ; d'autre part, l'eau peut accumuler de l'énergie, sous forme de chaleur ou d'énergie potentielle, mais elle peut aussi, nous le savons aujourd'hui, stocker des informations, dont tirent notamment parti l'homéopathie ou la thérapie florale de Bach. Ce phénomène sera étudié dans le chapitre 7.

Équilibre régulateur

Grâce à ses multiples propriétés, l'eau joue un rôle régulateur sur les autres systèmes. En stockant de la chaleur et en maintenant des différences de température, elle assure la survie à de nombreux êtres vivants du milieu aquatique. À 4°C, du fait de sa plus grande densité, l'eau froide tombe au fond où elle demeure longtemps, même si la glace s'épaissit de plus en plus en surface. De cette manière, poissons et autres organismes peuvent y survivre pendant l'hiver, d'autant que l'oxygène se dissout bien mieux dans une eau à 4°C qu'à des températures plus élevées.

La chaleur accumulée dans l'eau peut également avoir un rôle équilibrant en cas de mélange de fluides ou d'échange de chaleur. Des membres froids du corps humain se réchauffent plus vite dans l'eau à une température donnée que dans l'air chauffé à la même température. Inversement, nous nous refroidissons plus vite dans l'eau. Ce phénomène est également observé pour l'eau de mer. C'est grâce à des courants chauds, comme le Gulf Stream qui prend naissance dans le golfe du Mexique, que les côtes norvégiennes ne sont pas prises dans les glaces en hiver. Au contraire, les

Les courants se rejoignent

courants froids, comme le courant des Malouines en provenance de l'Antarctique, refroidissent le littoral oriental de l'Amérique du Sud. Les océans jouent donc un rôle capital dans la régulation du climat.

Des forces de conservation et de compensation sont aussi à l'œuvre dans les courants. Lorsque deux d'entre eux, allant dans la même direction, se rejoignent, ils maintiennent leur propre vitesse pendant un long moment. Ils ne mêlent leurs eaux que très lentement. Lorsque deux courants, allant dans des directions opposées, se rencontrent – phénomène appelé *cisaillement* – l'eau parvient malgré tout à équilibrer de manière harmonieuse la direction et la vitesse de chacun. Naturellement, il existe des « étapes intermédiaires » entre ces deux extrêmes mais, dans tous les cas, l'eau réussit toujours à maintenir sans heurts l'impulsion des courants.

Miroir d'eau dans une marmite de géants

La composition chimique de l'eau reflète ce rôle régulateur : au contact d'autres matières, l'eau peut se comporter aussi bien comme un acide que comme une base. Dans une eau neutre, chaque molécule, d'une taille égale à un dix millionième de centimètre, se décompose en une partie acide et une partie basique, qui peuvent ainsi réagir en tant que tel avec les autres substances*. Inversement, l'eau est le produit d'une réaction de neutralisation : lorsque des acides et des bases se rencontrent, ils produisent toujours un sel particulier... et de l'eau ! Vue sous cet angle, l'eau est une substance neutre, où acide et base s'équilibrent parfaitement.

Élément régulateur, l'eau peut donc maintenir ou compenser des différences énergétiques, cinétiques** ou chimiques, conserver des écarts de température ou provoquer un rééquilibrage thermique, maintenir ou compenser des courants, se comporter comme un

* Cette propriété, consistant à se comporter aussi bien en acide qu'en base, est également définie par le terme *amphotère* (du grec *amphoteros*, « hybride »).

** *Cinétique* signifie « qui se meut, qui se met en mouvement » (du grec *kinêtikos*, « qui concerne le mouvement »).

acide ou comme une base. Par conséquent, l'eau est un élément essentiel dans de nombreux mécanismes de régulation.

Miroir et vagues

En l'absence de toute stimulation, l'eau forme un miroir horizontal lisse, un niveau statique toujours en équilibre. Si nous faisons tourner une cuvette remplie d'eau ou si nous l'inclinons, l'eau indiquera invariablement l'horizontale. L'eau remplit chaque forme, même si la surface libre ne montre ni creux, ni vague. Un niveau parfait pour un équilibre parfait.

Une stimulation comme le vent, un courant, un son ou tout autre mouvement rompt l'équilibre statique de l'eau. L'énergie stimulante entraîne la formation de vagues, il suffit, pour s'en rendre compte, de lancer une pierre dans l'eau, par exemple. La puissance de la stimulation joue un rôle important : l'eau se ride à peine sous l'effet d'une légère brise mais une tempête provoque des lames hautes de plusieurs mètres. Par ailleurs, le rythme et l'oscillation de cette stimulation sont également intéressants à étudier : revenant à intervalle régulier, la force d'attraction de la lune provoque les marées tandis que les vibrations acoustiques à haute fréquence contribuent à créer des ondes protéiformes.

Individualité et unité

La réceptivité de l'eau aux stimuli et les structures qui en découlent se retrouvent de manière fascinante dans les flocons de neige, aux formes infiniment variées. Bien que chaque flocon soit construit d'après le réseau cristallin hexagonal de la glace, lui-même issu du modèle fondamental de l'étoile à six branches, aucun flocon ne ressemble à un autre. Il représente l'« empreinte digitale » de l'eau et de la glace, exprimant un caractère individuel accompli. Tel un capteur ultrasensible, il absorbe des impulsions de modelage durant sa création puis les conserve dans le motif apparu. À ce propos, les cristallisations d'eau obtenues par Masaru Emoto* montrent que les impulsions de modelage ont, d'une part, une origine physique (chaleur, son, pression, mouvement mécanique, etc.) et, d'autre part, qu'elles ont une grande portée dans le domaine de l'information, de l'état d'esprit, des émotions et

* Dr Masaru Emoto, *Messages de l'eau*, Alternature, 2002.

des pensées. Grâce aux flocons de neige, l'eau peut rendre directement visible, mieux que n'importe quelle autre substance, le champ morphogénétique*. Chaque flocon est en effet la concrétisation d'un instant unique.

L'eau parvient aussi sans effort à s'intégrer dans un tout. Sans laisser de trace, une goutte disparaît dans l'immensité de l'océan. De même, le flocon de neige, unique par définition, fond en un clin d'œil et s'insère de nouveau dans le cycle de l'eau, sans rien garder de sa spécificité. L'eau est ainsi capable de dissoudre toute marque d'individualité pour créer un ensemble plus grand ou s'absorber dans un élément plus important. Elle peut à tout moment se détacher sous une forme individuelle, goutte ou flocon, tout comme elle peut à tout moment se perdre à nouveau dans ce grand ensemble.

Gauche: L'eau reste toujours en équilibre

Droite: Les vagues : produit du rythme et de l'oscillation

Vie et mort

Source de vie, l'eau peut aussi amener la mort. Animée par l'énergie solaire, l'eau vivifie tous les autres éléments : elle imprègne la terre qui devient ainsi fertile, elle humidifie l'air et l'atmosphère et apporte la vie à de nombreux êtres vivants. Où l'eau est présente, tout devient vert ! Les graines des plantes dépendent d'elle pour germer et pousser. Le désert se couvre de fleurs dès qu'une rare ondée vient à tomber. Les animaux cherchent l'eau et, lorsqu'elle se fait rare, dans certaines régions du monde, ils ont appris à la flairer. En cas de sécheresse, ils sont capables de parcourir un

* *Champ morphogénétique* (du grec *morphè*, « forme », et *genesis*, « génération, création ») : concept développé par le scientifique anglais Rupert Sheldrake concernant les forces créatrices immatérielles.

long chemin pour la trouver et, autour d'un point d'eau, plusieurs espèces peuvent cohabiter.

Aucun être vivant ne pourrait survivre sur Terre sans eau. Celle-ci est essentielle aux plantes, aux animaux et aux êtres humains et nous portons en nous l'« océan originel ». Mais, tout comme les mers disparaissent en s'évaporant, notre « océan intérieur » perd lui aussi de l'eau par la respiration, la transpiration et les différentes sécrétions. Nous devons donc lui en apporter régulièrement.

L'eau contenue dans la couverture nuageuse atténue le rayonnement du soleil. Seul élément à réguler le feu sur la Terre, elle éteint les incendies dus à la sécheresse. Si l'eau est une protection, elle peut aussi détruire. En inondant la terre, elle noie de nombreux êtres vivants qui ne peuvent lui échapper. Raz de marée, oura-

Gauche: Rides ondulant sur l'eau après un jet de pierre

Droite: Glace en train de fondre : la forme spécifique de chaque bloc se perd dans l'immensité.

gans, fleuves en crue ou pluies diluviennes : en excès, l'eau peut être synonyme de mort. Mais ce n'est que de courte durée ; même après de grosses destructions, une nouvelle vie surgit, bien plus rapidement qu'après les ravages d'un incendie.

Vitale pour tout être vivant, l'eau féconde la Terre et peut aussi bien nourrir qu'engloutir, c'est pourquoi les hommes voient en elle l'image de l'éternelle renaissance.

Le perpétuel changement

Par sa nature, l'eau se caractérise par deux mouvements principaux.

D'une part, elle est dans la quête incessante de son objectif. Soumise à la gravité, l'eau coule de sa source jusque dans la mer,

Puissance de l'eau

remplissant le moindre espace qui s'offre à elle mais en restant longtemps dans un endroit propice. Qu'elle coule dans le lit d'un fleuve, qu'elle soit absorbée dans le sol, qu'elle séjourne dans un lac ou qu'elle dessine des méandres, elle parvient à son but. Pour cette raison, l'eau vive symbolise l'idée de quête perpétuelle, du dévouement absolu à un objectif. Un barrage ne constitue qu'un obstacle passager car l'eau coule jusqu'à ce qu'elle ait trouvé son chemin : par-dessus, par-dessous, autour ou à travers.

« Sans effort, l'eau s'adapte à toutes les formes
Et parvient pourtant à son but en toute confiance.
Ainsi agit le sage sur sa voie :
Sans jamais faire de grandes choses, le sage accomplit de grandes actions. »
Lao-Tseu

D'autre part, l'eau suit son cours, en se jouant de la gravité. Toujours et en tout lieu, elle s'élève du sol humide, des fleuves, des lacs et des mers ainsi que des organismes végétaux, animaux et humains. Invisible, elle s'échappe pour s'élever et se regrouper dans l'atmosphère. Là, elle séjourne quelque temps sous forme de voile ou de nuage, pour revenir ensuite sur Terre – suivant un cycle perpétuel d'élévation et de descente.

Quête obstinée de la source à la mer

Libre !

L'eau est libre ! Aucun obstacle ne la retarde durablement, elle entre puis ressort, se laisse retenir ou modeler passivement, mais redevient active à la moindre occasion, poursuivant son propre chemin. Quels que soient ses avatars, l'eau n'oublie jamais son chemin, son objectif, sa liberté et son identité – invisible parfois, toujours omniprésente.

Les propriétés naturelles de l'eau

Apparaître	**Unifier** Évaporer : se mêler à l'air Mélanger : se mêler aux liquides Absorber : se mêler aux solides	**Détacher** Condenser : se séparer de l'air Séparer : se séparer des liquides S'échapper : se séparer des solides
Dilater	**Évaporer** Dilater sous forme de gaz remplissant l'espace (humidité toujours présente)	**Geler** Dilater par cristallisation et transformation en glace (cluster toujours présent)
Influer	**Décomposer** Rendre les structures mobiles et transformables en les infiltrant, en les gonflant, en les dissolvant en partie et en les modifiant	**Solidifier** Stabiliser et durcir les structures en les infiltrant, en les liant, en les remodelant ou en les cristallisant
Transformer	**Dissoudre** Absorber des solides, des liquides ou des gaz Solution pure : absorption sous forme de molécules Solution colloïdale : absorption sous forme de gouttes Turbidité : absorption de particules en suspension	**Séparer** Abandonner des solides, des liquides ou des gaz Précipiter : séparer des solutions pures Coaguler : concentrer le colloïde Clarifier : déposer des particules en suspension
Déplacer	**Couler** Écoulement dans un flux « dansant » qui entraîne une vibration, une pulsation et un tourbillon	**Stagner** Immobilité extérieure en dépit d'une mobilité intérieure et d'une subtile vibration permanente
Triompher	**Briser** Réduire à néant les résistances par la force, la pression ou par un mouvement répété	**Contourner** Éviter les obstacles par un flux tout en souplesse (par ex. méandres)
Guider	**Disperser** Fuir le centre dans un tourbillon, le chaos illustré par la décomposition d'une forme s'ouvrant sous l'effet de la vitesse	**Centrer** Réunir au centre dans une goutte, la sphère représentant l'agencement d'une forme apaisante, se refermant sur elle-même
Transporter	**Acheminer** Transporter dans une eau en mouvement (en faisant flotter ou rouler, en mettant en suspension)	**Déposer** Déposer dans une eau dormante des matières flottantes, en suspension ou roulant sur les flots
Conduire	**Propager** Diffuser l'énergie et l'information Conduire la chaleur, le courant électrique et le son	**Concentrer** Accumuler l'énergie et l'information Collecter la chaleur, produire du courant électrique
Réguler	**Conserver** Maintenir des écarts de température par des différences de densité ; conserver un écoulement en cas de confluence ; caractère amphotère (à la fois acide et base)	**Équilibrer** Équilibrer les différences de température par un échange de chaleur ; compenser un écoulement en cas de cisaillement ; caractère neutre (soit acide, soit base)
Former	**Créer** Marées et vagues en réaction dynamique au rythme et au balancement	**Maintenir** Miroir d'eau comme niveau statique, en équilibre

Construire	**Façonner** Variation infinie dans la cristallisation des flocons de neige : accomplissement de l'individualité	**Rassembler** Disparition de la goutte individuelle dans la mer immense : dissolution de l'individualité
Animer	**Nourrir** Animée par le feu (soleil), elle amorce le cycle de la vie ; en fertilisant la terre, elle lui donne vie ; en buvant, nous vivons	**Engloutir** En éteignant le feu (incendies), elle protège le cycle de la vie ; en inondant la terre, elle libère de l'espace pour une nouvelle vie ; en noyant, elle tue
Transformer	**Aller au but** Écoulement déterminé de la source à la mer, toujours soumise à la gravité	**Circuler** Cycle de l'eau dans la nature en utilisant toutes les forces des éléments et aspirant toujours à la liberté
Être libre	**Être invisible** L'eau doit être invisible	**Être omniprésente** L'eau peut être omniprésente

Gauche : Eau atmosphérique

Droite : Eau libre

Élément simple, l'eau n'en est pas moins extrêmement variée. Ses différentes propriétés et capacités font d'elle l'une des substances fondamentales de la Terre… et de la vie ! Car l'eau de notre organisme possède elle aussi toutes ces qualités. Nécessaire à tous les mouvements, rythmes et formes, à l'équilibre interne, au bon fonctionnement des organes et à l'unité de tout l'organisme, elle nous aide à diffuser, à concentrer, à conserver ou à équilibrer la chaleur et l'énergie. L'eau nous permet de vivre, elle nous rappelle que nous faisons, nous aussi, partie intégrante du cycle de la nature. Par conséquent, pour nous, l'eau doit être omniprésente.

Chapitre 2

Le mystère de l'eau

Quelle est la nature de l'eau ?

« Un scientifique honnête devrait admettre qu'il ne sait pas ce qu'est l'eau en réalité. Elle ne peut être expliquée ni par les moyens physiques ni par les moyens chimiques offerts par la science courante. L'eau est une impossibilité scientifique. »

Wilfried Hacheney, physicien et chercheur allemand sur l'eau

Le dictionnaire définit l'eau en ces termes :
« Eau (H_2O), molécule chimique composée d'hydrogène et d'oxygène ; liquide inodore, insipide et transparent, l'eau gèle à 0 °C (glace) et bout à 100 °C (vapeur). Sa plus grosse densité se situe à 4 °C. Importance physiologique capitale pour la vie sur Terre et le climat. Pour de nombreuses matières, l'eau est un remarquable solvant. À l'état naturel, l'eau contient beaucoup de sels dissous. Sur le plan chimique, une eau pure correspond à une eau distillée. »

Mais à quoi ressemble réellement une molécule d'eau ? En toute honnêteté, personne ne le sait vraiment ! Les scientifiques ne disposent que de modèles théoriques car une molécule d'eau est si petite que même les microscopes électroniques les plus puissants ne parviennent pas à la grossir suffisamment. Aujourd'hui, on estime qu'elle mesure environ 0,5 nm* (nanomètre). Afin néanmoins de se représenter l'eau et les petites molécules en général, on utilise le modèle de l'atome qui s'appuie sur la physique quantique élaborée vers 1900 par Max Planck**, physicien allemand et lauréat du prix Nobel. Ses représentations théoriques ont été perfectionnées et affinées à maintes reprises, en 1911 par Ernest Rutherford, en 1913 par Niels Bohr, en 1916 par Arnold Sommerfeld et en 1924 par Louis de Broglie***. Toutes ces améliorations successives ont abouti à un modèle qui subsiste encore aujourd'hui dans son principe. Toutefois, une représentation théorique ne reflète pas entièrement la réalité mais seulement des caractéristiques bien définies, essentielles pour les objectifs scientifiques. Bien souvent, nous oublions qu'il s'agit seulement d'un modèle abstrait et non pas de la réalité.

La molécule d'eau est construite sur ce modèle et désignée par l'abréviation chimique H_2O, qui signifie que deux atomes d'hydrogène (H) sont associés à un atome d'oxygène (O)****.

Pour être exact sur le plan chimique, il faudrait donc désigner l'eau par le terme « monoxyde de dihydrogène***** », que de nombreux chimistes envisagent sérieusement d'utiliser dans leur discipline ! Pourquoi des atomes d'hydrogène et d'oxygène s'asso-

---

* 0,5 nanomètre = 0,000 000 000 5 mètre (0,5 milliardième de mètre).** Max Planck a découvert que l'énergie ne pouvait pas se subdiviser librement en petites portions mais uniquement en quantités déterminées, les « quanta » (du latin *quantum*, « quantité »). Comme l'atome et la molécule sont les plus petites particules de la matière, le quantum est le plus petit élément énergétique.

*** Ernest Rutherford a découvert comment de minuscules particules radioactives pouvaient traverser l'atome presque sans entrave et comment seules les plus petites rencontraient une résistance. Il en a conclu que les atomes possédaient un noyau solide microscopique entouré d'un nuage électronique pénétrable, comparativement énorme. En relation avec la théorie des quanta de Max Planck, Niels Bohr a déduit que ce nuage électronique devait comporter différentes couches équivalant à différents niveaux d'énergie et que la différence énergétique entre chaque couche correspondait aux fameux quanta. Ce modèle a ensuite été perfectionné par Arnold Sommerfeld. Cependant, malgré les découvertes de Bohr et de Sommerfeld, les scientifiques ne pouvaient toujours pas expliquer pourquoi les atomes s'associaient pour former des molécules. Seul Louis de Broglie a formulé une théorie qui pouvait justifier la présence d'orbites électroniques au cœur de l'atome. Les années qui ont suivi ont vu l'apparition du modèle orbital selon lequel la place la plus probable était attribuée à chaque électron dans le nuage atomique. Pour la première fois, cette « détermination spatiale » a permis de décrire de manière approximative où se trouvent les électrons, comment apparaissent les liaisons avec les autres atomes et quelle structure spatiale adoptent ces liaisons. Pourtant, ce modèle ne reste qu'une approximation de la réalité !

**** H = hydrogène, du grec « qui produit de l'eau » (du grec *hydror*, « eau », et *genesis*, « création ») ; O = oxygène, du grec « qui produit de l'acide » (du grec *oxus*, « acide », et *genesis*, « création »).

***** « di- » = deux (du grec *di-*, « deux fois » ; *mon-*, *mono-*, « un » (du grec *monos*, « seul, unique » ; « ox(y) » = liaison oxygène).

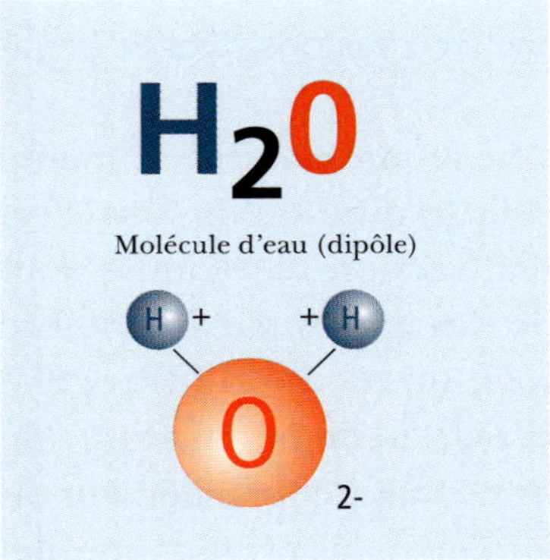

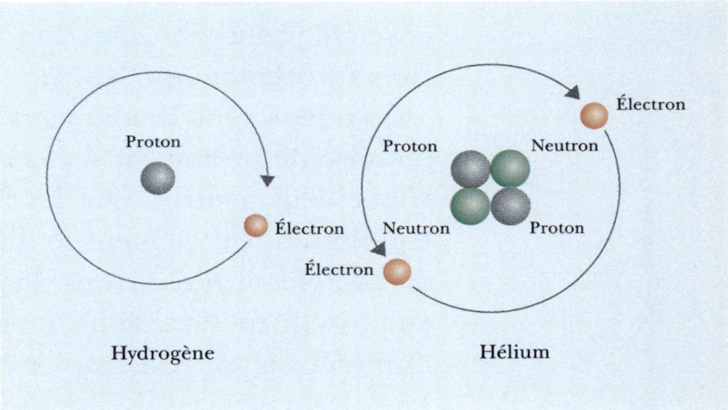

Gauche : Modèle simple de la molécule H_2O

Droite : Représentation schématique d'un atome

cient-ils pour former une molécule d'eau ? Pour répondre à cette question, nous devons tout d'abord revenir sur quelques points fondamentaux et expliquer pourquoi des atomes se lient. Pourquoi les éléments ne restent-ils pas tout simplement indépendants ? Qu'est-ce qui attire les atomes les uns vers les autres ? Qu'est-ce qui les incite à former des « liaisons » ? Cherchent-ils à créer des « sociétés » au niveau moléculaire ?

Le mystère reste entier car personne n'a encore apporté de réponse à la question « pourquoi ? » ! Certes, les modèles établis permettent d'expliquer certains phénomènes constatés. Mais, quant à savoir pourquoi ils surviennent, cela reste tout simplement un prodige de la nature. Les scientifiques ont pu toutefois observer que certains éléments chimiques créent aisément des liaisons – on dit qu'ils sont *réactifs* – et que d'autres ne le font que contraints ou pas du tout – on dit qu'ils sont *inertes* ou, parfois, *nobles*. Si l'hydrogène et l'oxygène font partie des atomes réactifs, les métaux précieux comme l'or appartiennent en revanche à la catégorie *inertes*, et les gaz rares comme l'hélium ou le néon n'établissent absolument aucune liaison. Quelle en est la raison ? Pourquoi les gaz rares restent-ils toujours isolés tandis que d'autres éléments acceptent volontiers des liaisons ?

La nature de l'atome

Les éléments chimiques sont constitués de protons, de neutrons et d'électrons. Les protons sont des particules de charge électrique positive qui forment le noyau de l'atome avec les neutrons, électriquement neutres. Autour de ce noyau gravitent à la vitesse de la lumière les électrons, de charge négative. Le tout forme un ensemble cohérent étant donné que les charges positives et négatives s'attirent mutuellement.

Dans leur « état fondamental », chaque atome possède le même nombre de protons et d'électrons. Cela signifie qu'ils sont électriquement neutres, que les forces d'attraction électriques sont équilibrées. Un élément se différencie des autres par le nombre de protons et d'électrons. Par exemple, un atome d'hydrogène en possède un de chaque, un atome d'hélium deux, un atome de lithium trois, etc. Comme les électrons s'échappent facilement ou « reçoivent de la visite », on prend uniquement les protons comme référence pour définir un élément: par exemple, l'élément doté de huit protons est l'oxygène, avec sept protons, il s'agit de l'azote, avec six du carbone, etc.*

Plus l'élément possède de protons et d'électrons, plus les forces attractives entre le noyau chargé positivement et les nuages atomiques chargés négativement sont puissantes. Ainsi, avec sept électrons et protons, un atome d'azote est plus petit qu'un atome de carbone qui ne possède que six électrons et protons ! Cela s'explique par le fait que les forces attractives plus puissantes rapprochent les nuages électroniques du noyau atomique. De manière analogue, l'oxygène, avec huit électrons et protons, est plus petit que l'azote, le fluor (neuf protons) plus petit que l'oxygène et le néon (dix protons) plus petit que le fluor. En revanche, le sodium (onze protons) est soudainement nettement plus gros ! Il est trois fois plus grand en diamètre que le néon ! Visiblement, le onzième électron ne trouve plus de place entre les dix autres et crée ainsi

Gauche: Représentation schématique des atomes de carbone, d'azote et d'oxygène

Droite: Comparaison des tailles des éléments, du lithium à l'argon. Entre parenthèses, figure le rayon des atomes exprimé en pm (picomètre), 1 pm = 10^{-12}m.

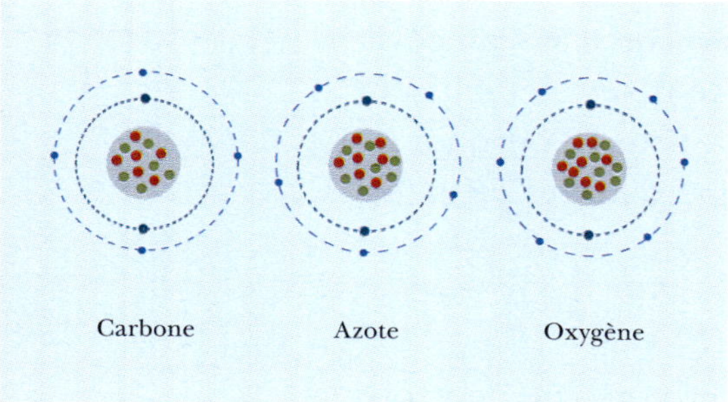

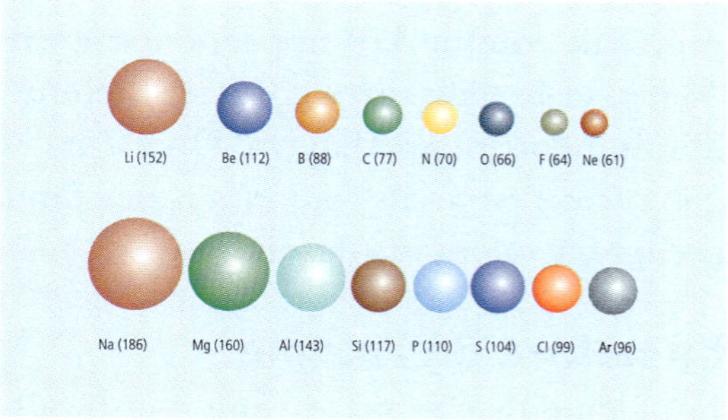

* D'où le terme *proton*, « le plus important » (du grec *prôton*, « le premier, le plus important). Dans les noyaux atomiques des éléments, les neutrons (du latin *neuter*, « ni l'un ni l'autre ») sont souvent présents en nombres variés. Ne portant ni une charge positive, ni une charge négative, ils ne correspondent ni au proton ni à l'électron. Le terme *électron* (du grec *êlektron*, « ambre »), est utilisé comme synonyme de « force attractive » car l'ambre préalablement frotté attire les étoffes.

une nouvelle couche dans le nuage électronique. Mais à partir de là, tout recommence : le magnésium (12 protons) est plus petit que le sodium, l'aluminium (13 protons) plus petit que le magnésium, etc. jusqu'à l'argon (18 protons). Puis on observe de nouveau un bond en avant : le potassium (19 protons) est deux fois plus gros que l'argon. Là encore, le dix-neuvième électron n'a pas trouvé de place et a donc créé une « nouvelle couche ».

Le modèle électronique pourrait être résumé de la manière suivante : le nuage électronique est composé de différentes couches. Plus il y a d'électrons sur une couche et plus ils sont attirés vers le noyau. Chaque couche peut accueillir un nombre déterminé d'électrons avant d'être « pleine ». Si un électron supplémentaire se rapproche du noyau, il devra « ouvrir une nouvelle couche », faisant grossir sensiblement l'élément. La première couche ne peut contenir que deux électrons, ce qui est le cas pour l'hélium. La deuxième couche peut accueillir huit électrons ; pour le néon, cette couche est entièrement occupée. Celui-ci compte dix électrons, deux sur la première couche et huit sur la seconde. La troisième couche peut elle aussi contenir huit électrons et est entièrement occupée pour l'argon qui possède au total dix-huit électrons (deux sur la première couche, huit sur la deuxième et huit sur la troisième) et ainsi de suite*.

Penchons-nous maintenant sur une observation très intéressante : lorsqu'une couche est « pleine », c'est-à-dire lorsqu'elle contient le nombre maximal d'électrons, l'élément concerné est toujours un gaz rare ! Il s'agit d'un « célibataire endurci » qui ne formera jamais de liaison avec les autres éléments. Il a l'air d'accorder beaucoup de prix à son originalité et à sa liberté et se suffit visiblement à lui-même. Une couche électronique extérieure complètement remplie semble donc donner un état très stable vers lequel tendent les autres éléments.

C'est justement ce qui se passe : tous les éléments qui ne sont pas dotés naturelle-

Couches électroniques de différents éléments

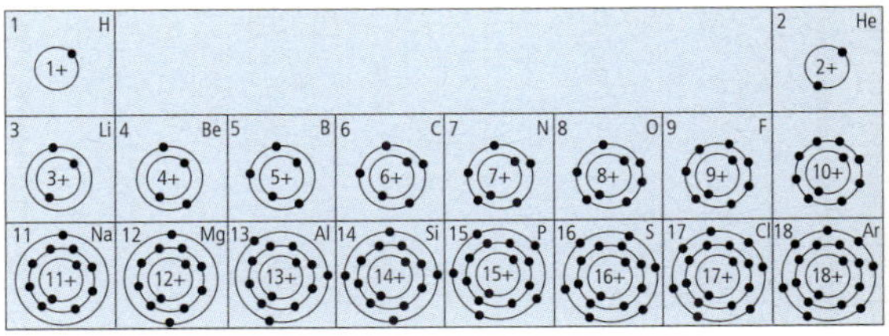

* Pour être plus exact, ce serait plutôt à partir de la troisième couche, occupée par huit électrons, que les éléments atteignent un état stable. Concernant les éléments plus gros, chez lesquels une quatrième couche a déjà été « ouverte », la troisième couche est soudainement remplie par dix électrons. Pour les terres rares et les métaux lourds, la quatrième couche est même remplie par vingt-quatre autres électrons. Chaque couche atteint un état stable en accueillant huit électrons, le « remplissage » ultérieur n'intervenant que si de nouvelles couches sont ouvertes.

ment de cet état stable semblent chercher à l'atteindre. Comment ? En fait, le plus simplement du monde : soit en perdant tous les électrons de leur couche extérieure (la couche située en dessous, déjà occupée par huit électrons, devient donc la couche la plus extérieure), soit en remplissant leur couche extérieure avec des électrons étrangers jusqu'à ce qu'elle soit totalement occupée.

De l'atome à la molécule

Nous pouvons présager ce qui se passe ensuite : le troc d'électrons peut commencer ! Les éléments, qui ne possèdent pas assez d'électrons sur la couche extérieure, souhaitent s'en défaire. Ils font partie de la catégorie des métaux. À l'opposé, se trouvent les éléments à qui il manque des électrons pour saturer leur couche extérieure et qui sont désireux d'en accueillir. Ceux-ci font partie de la catégorie des non-métaux. Lorsque les métaux et les non-métaux se rencontrent dans des conditions favorables, les échanges vont bon train. Les métaux se délestent de leur « ballast électronique » sur les non-métaux. Les éléments obtiennent ainsi une couche extérieure entièrement occupée avec huit électrons et sont satisfaits d'atteindre la stabilité tant recherchée. Il s'agit là du mystère fondamental de la liaison chimique.

Mais ce système présente toutefois un inconvénient : avec l'échange d'électrons, des charges électriques négatives se déplacent d'un atome à un autre et les atomes, auparavant neutres, deviennent désormais chargés électriquement. Ces « particules chargées » sont appelées des *ions**. En se défaisant de ses électrons, le métal perd sa charge négative et devient ainsi un ion positif tandis que le non-métal, en acquérant des électrons, prend une charge négative et devient un ion négatif. Et, à cause du phénomène de l'attraction électrique, les deux ions ne peuvent dorénavant plus se détacher l'un de l'autre. Avec l'échange d'électrons, ils ont établi une « liaison ionique ».

Échange d'électrons entre un métal et un non-métal

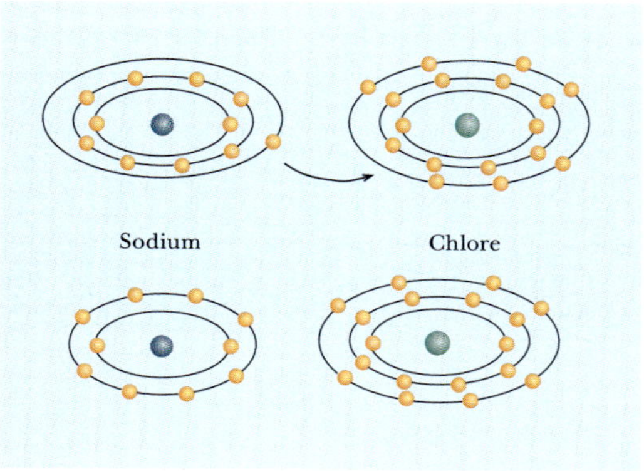

Lorsqu'un atome possède une couche électronique extérieure entièrement occupée, il

* Ion (du grec *iôn*, part. prés. de *ienai*, « aller ») = particule qui a perdu ou acquis des électrons.

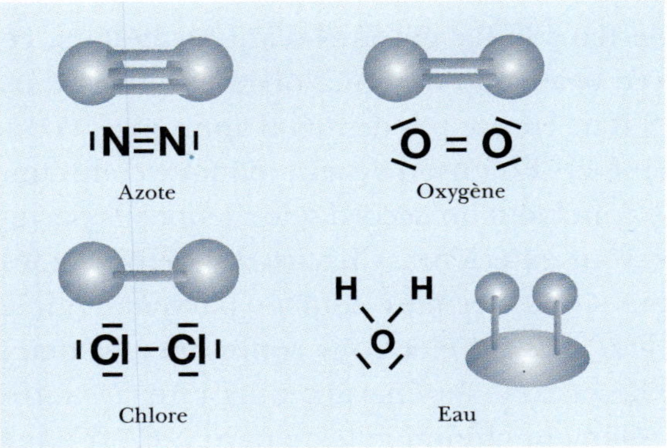

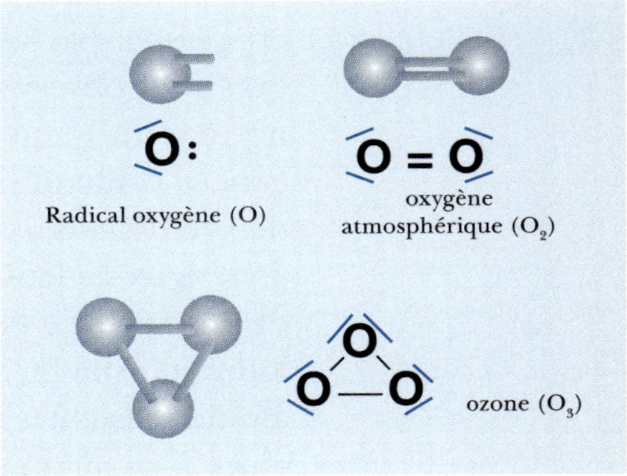

Gauche :
Liaison covalente / liaison atomique / liaison moléculaire

Droite :
Radical oxygène (O), oxygène atmosphérique (O_2), ozone (O_3)

représente une certaine « perfection » et atteint un état stable. Ce phénomène est observé mais n'a pas encore été expliqué. Tous les éléments s'efforcent d'atteindre cet état d'équilibre et, s'ils n'en sont pas pourvus par la nature, ils sont prêts à acquérir des électrons ou bien à en abandonner.

Cependant, cet échange d'électrons n'a lieu que lorsqu'un métal et un non-métal se rencontrent dans des conditions propices, ce qui n'est pas toujours le cas. Si, par exemple, des non-métaux à qui il manque des électrons pour remplir leur couche extérieure, se rencontrent, ils ne seront pas disposés à abandonner leurs électrons. C'est pourquoi la nature a prévu d'autres possibilités que l'échange d'électrons. Dans le cas des non-métaux, ce sont les deux atomes qui s'assemblent, afin d'« utiliser en commun » certains électrons de façon à ce que chacun des deux atomes en possède huit sur sa couche extérieure. Les électrons communs se trouvent toujours appariés entre les deux atomes et sont attirés à part égale par l'un et par l'autre. Apparaît alors une liaison, appelée *liaison covalente, liaison atomique* ou encore *liaison moléculaire,* trois termes qui désignent le même concept : le premier décrit le type de liaison, le deuxième les particules à l'œuvre (des atomes neutres et non pas des ions) et le troisième le produit chimique obtenu. Une liaison impliquant deux atomes ou plus est appelée une *molécule.*

L'oxygène

L'oxygène illustre parfaitement ce qui se passe lorsque deux non-métaux se rencontrent. Avec seulement six électrons sur sa couche extérieure, il lui manque deux électrons pour parvenir à la stabilité parfaite. Très réactif, il va toujours les chercher là où il peut en gagner, par exemple dans le fer ou dans d'autres métaux, ce que nous observons avec beaucoup d'ennui lorsque nous voyons notre voiture rouiller. S'il ne trouve pas de métal approprié, l'oxygène se contente de lui-même. En raison de leur manque commun, deux atomes d'oxygène concluent un accord selon lequel ils partagent deux de leurs électrons extérieurs. Chacun des deux atomes dispose de huit électrons sur sa dernière couche, parvenant ainsi à un état stable. Avec leur paire d'électrons commune, les deux atomes restent ensemble et sont dorénavant unis l'un à l'autre jusqu'à ce qu'un autre élément chimique les sépare… C'est pour cette raison, par exemple, que l'oxygène atmosphérique n'est pas présent sous forme atomique (O), forme sous laquelle il est également désigné par le terme *radical oxygène*, mais sous forme moléculaire (O_2) et, dans certaines conditions (exposition aux rayonnements), sous forme d'une molécule tri-atomique (O_3), également appelée *ozone**.

L'hydrogène

Contrairement à l'oxygène, l'hydrogène est un élément bien plus complexe, le faisant apparaître comme une bizarrerie de la nature à bien des égards. Élément chimique le plus simple qui puisse exister, il ne comporte qu'un seul proton dans le noyau autour duquel gravite un électron**. Si l'hydrogène abandonne l'unique électron en orbite dans son nuage, celui-ci n'existe plus et l'hydrogène devient un proton « libre » appelé *protium.* Il possède une charge électrique positive si forte qu'il capte immédiatement un électron libre pour redevenir un atome d'hydrogène ou bien – et c'est ce qui se passe le plus souvent – il « s'arrime » à d'autres liaisons comportant beaucoup d'électrons. Malgré tout, l'hydrogène – bien qu'il ait tendance à céder son électron – n'est pas un

* Comme sa couche électronique extérieure est incomplète, l'oxygène est si réactif qu'il est très agressif vis-à-vis des autres matières et des autres liaisons, d'où le nom de *radical* (du latin tardif *radicalis,* « racine, profond »). Dans notre organisme, ces « radicaux libres » sont nocifs car ils peuvent endommager des molécules complexes comme les protéines, par exemple. Le terme d'*ozone* fait référence à la forte odeur dégagée par cette molécule d'oxygène (du grec *ozein,* « exhaler une odeur »).

** Seul 0,015% de l'hydrogène présent dans la nature contient un neutron dans le noyau. Il s'agit de l'*hydrogène lourd,* également appelé *deutérium* (du grec *deutêros,* « deuxième »). Dans les réacteurs nucléaires, de l'hydrogène *super-lourd* peut se former, également appelé *tritium* (du grec *tritos,* « troisième ») ; il contient dans son noyau un proton et deux neutrons. Cependant, ce noyau n'est pas stable et se divise lorsqu'il est soumis à un rayonnement radioactif, avec une durée de demi-vie de 12,32 ans. Les atomes appartenant à un même élément mais avec un nombre de neutrons différent sont appelés des *isotopes,* terme qui désigne des éléments « se trouvant au même endroit [dans le tableau périodique des éléments] » (du grec *isos,* « égal », et *topos,* « lieu, place »).

métal car l'absence d'électron n'apporte pas de stabilité. Le noyau composé d'un seul proton cherche activement à attirer de nouveau un électron. À l'inverse, l'hydrogène n'acquiert pas d'autre électron pour se transformer en ion hydrogène bien qu'un seul électron supplémentaire permettrait de compléter la première couche. Visiblement, la force attractive de l'unique proton du noyau n'est pas suffisante pour retenir deux électrons dans le nuage. Par conséquent, l'hydrogène n'est pas non plus un véritable non-métal.

L'hydrogène n'est donc ni un métal, ni un non-métal et, pourtant, un peu des deux à la fois. Cet état particulier fait de lui un élément extraordinaire qui s'exprime à travers les propriétés de l'eau. Parfois, l'hydrogène se comporte comme un non-métal, en créant par exemple des liaisons covalentes et en s'intégrant dans une molécule. Parfois, il se comporte un peu comme un métal, en cédant son électron dans une liaison. Il s'éclipse alors tout seul en « célibataire » et s'insère rapidement dans une nouvelle liaison.

Dans la recherche anthroposophique, ce n'est pas sans raison que l'hydrogène est décrit comme une « substance de la liberté » qui ne s'intègre dans aucun moule et qui s'échappe de toute prison matérielle : l'hydrogène disparaît petit à petit à travers les murs de béton les plus épais et s'échappe même des bouteilles de gaz gainées d'acier.

La molécule d'eau

Dans une molécule d'eau, deux atomes d'hydrogène sont liés à un atome d'oxygène par une liaison covalente. Grâce aux deux électrons, l'hydrogène peut compléter sa première couche tandis que l'oxygène peut compléter sa deuxième couche.

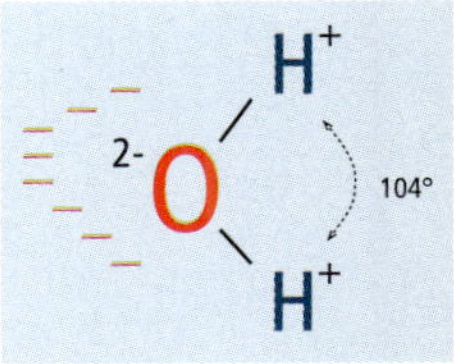

Schéma d'une molécule d'eau

Tout irait pour le mieux si l'oxygène n'avait cette « soif d'électrons ». La force attractive du noyau (constitué des protons positifs) qui s'exerce sur le nuage électronique est d'autant plus puissante que le nombre d'électrons sur une couche donnée se rapproche de celui des protons. Ainsi, la couche est attirée d'autant plus fortement vers le noyau. Appelée *électronégativité*, cette force attractive agit également sur les électrons de liaison covalente. Si deux éléments d'électronégativité équivalente s'associent, les électrons de la liaison sont répartis de manière égale entre les deux atomes ; c'est par exemple le cas pour la liaison de deux atomes d'oxygène. On parle dans ce cas de *liaison non polaire*. À l'inverse, si deux éléments d'électronégativité différente s'associent, les électrons de la liaison sont plus fortement attirés par l'élément possédant la force attractive la plus puissante, c'est-à-dire possédant l'électronégativité la plus haute. Il se crée alors une *liaison polaire.* Si la différence est trop importante, un élément attire entièrement les électrons de l'autre atome, créant ainsi des ions. Le passage entre les deux types de liaison est donc d'une grande fluidité !*

L'oxygène possède une électronégativité élevée et est donc fortement électrophile. L'hydrogène ne peut guère lui opposer de résistance et ses électrons lui sont donc rapidement « arrachés ». Au cœur de la molécule d'eau, une densité d'électrons plus élevée apparaît du côté de l'oxygène par rapport au côté de l'hydrogène. Par conséquent, non seulement la liaison est polaire entre les atomes mais, dans l'ensemble de la molécule, il y a un côté surtout chargé négativement (côté oxygène) et un côté surtout chargé positivement (côté hydrogène). On désigne une telle molécule par le terme *dipôle***.

Dans une molécule d'eau, les atomes d'hydrogène font un angle de 105° par apport à l'atome d'oxygène. S'ils se faisaient face, exactement à 180°, la polarité des liaisons serait inefficace. C'est donc grâce à la présence de l'angle de liaison qu'apparaissent les pôles. Bien que la molécule d'eau soit, dans son ensemble, considérée comme une molécule électriquement neutre – elle renferme quatre protons et quatre électrons – elle présente néanmoins un côté positif et un autre négatif. De fait, les molécules d'eau sont des dipôles.

Cette polarité a également un effet entre les molécules d'eau puisque les charges opposées s'attirent. On peut le représenter de manière esthétique avec de petits bâtonnets aimantés, ayant un pôle magnétique positif d'un côté et un pôle négatif de l'autre. Ils s'attirent mutuellement, se positionnent toujours pôles opposés

---

* Avec une valeur de 4,0, fixée arbitrairement, c'est le fluor qui possède l'électronégativité la plus haute. L'oxygène le suit immédiatement avec une valeur de 3,5, la troisième place étant occupée par l'azote et le chlore (3,0), la quatrième par le brome (2,8). Le carbone et le soufre (2,5) se partagent la cinquième place, l'or et le sélénium (2,4) la sixième. Sept métaux, dont le platine (2,2) se pressent à la septième place. À la huitième, on retrouve l'hydrogène, le phosphore et le tellure (2,1). C'est à partir d'une différence en électronégativité d'environ 1,7 qu'apparaissent les ions, c'est-à-dire lorsqu'un élément attire intégralement les électrons d'un autre élément. Entre l'oxygène (3,5) et l'hydrogène (2,1), la différence est égale à 1,4 ; la liaison de ces éléments est donc fortement polaire !

** Dipôle : molécule formée par le rapprochement de deux charges électriques égales et opposées (de *di,* « deux », et de *pôle,* « point d'entrée et de sortie de forces électromagnétiques »).

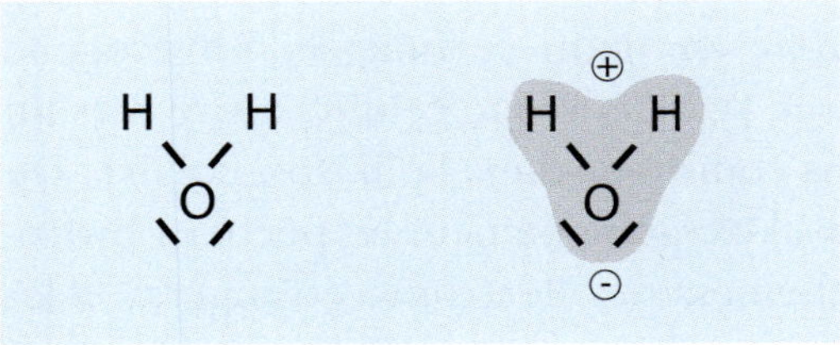

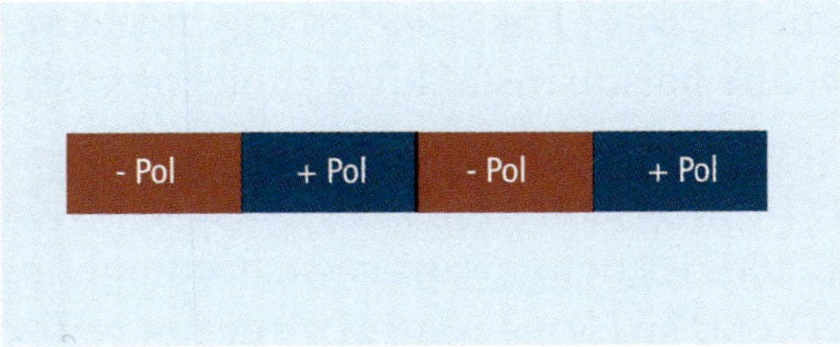

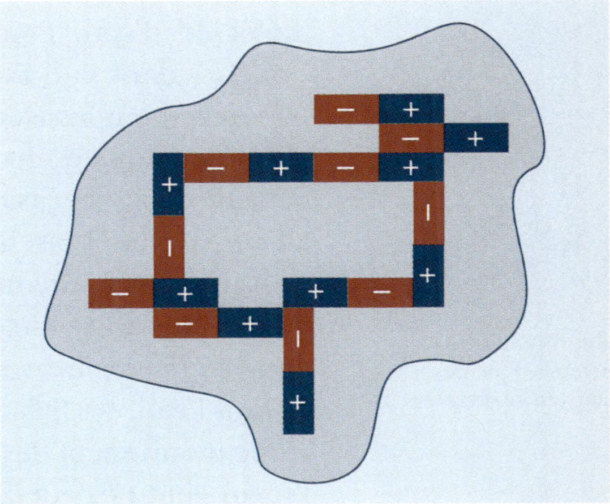

Gauche haut: Dipôle de la molécule d'eau

Gauche bas: Quatre petits bâtonnets aimantés, avec chacun un pôle positif et un pôle négatif, s'attirent les uns les autres

Droite: De nombreux petits bâtonnets aimantés, avec chacun un pôle positif et un pôle négatif, s'assemblent pour former une grande structure, appelée *cluster.*

l'un contre l'autre et constituent ainsi des grappes et des agrégats de taille et de forme variées.

Concernant l'eau, on part du principe selon lequel les molécules individuelles, du fait de leur nature dipolaire, créent des complexes similaires appelés *clusters.* Cela permet au moins d'expliquer quelques-unes des particularités de l'eau. Toutefois, aucun scientifique n'a, à ce jour, vu ni mesuré de tels clusters ; on en est réduit à évaluer ou à représenter leur structure par des moyens détournés.

Le cluster d'eau

Depuis déjà un siècle environ, la science cherche à percer le mystère de la structure de l'eau, en élaborant différents modèles pour la représenter. En l'état des connaissances actuelles, on l'étudie sous forme de cluster, c'est-à-dire de complexes de molécules d'eau. Cependant, ces derniers, à l'instar du modèle atomique, ne constituent que des « représentations de travail » qui permettent de visualiser clairement les relations et les processus d'écoulement sophistiqués de l'eau. La réalité est vraisemblablement tout autre mais ce modèle de cluster est d'une aide précieuse pour les chercheurs.

Les clusters naissent grâce à une autre particularité de l'eau : la formation de ponts hydrogène, ou liaisons hydrogène. Celles-ci consistent en des liaisons labiles qui se créent, souvent de manière éphémère, entre l'hydrogène « mal approvisionné » en électrons (donc chargé positivement) d'une molécule d'eau et l'oxygène bien pourvu en électrons (donc chargé négativement) d'une autre

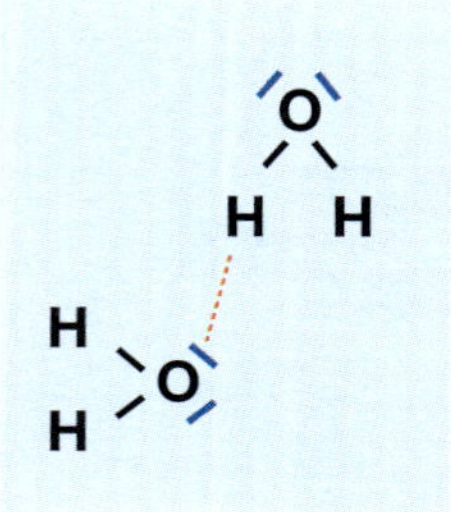

Représentation schématique des liaisons hydrogène

molécule d'eau. Pour parler de manière imagée, l'hydrogène « tolère » dans sa liaison avec l'oxygène que celui-ci attire vers lui très fortement les électrons communs dans la liaison polaire. Du fait du manque d'électrons, l'oxygène ne peut empêcher l'hydrogène de capter occasionnellement des électrons « étrangers » et les attirer vers lui. C'est ainsi que se forme, entre l'hydrogène chargé positivement d'une molécule d'eau et l'oxygène chargé négativement d'une autre molécule, une liaison instable de faible intensité, appelée *liaison hydrogène.*

Dans l'eau, ces liaisons hydrogène sont toujours de courte durée car le mouvement des molécules les défont sans cesse. Cependant, l'hydrogène ne peut s'empêcher d'en former sans arrêt de nouvelles, sa charge positive l'attirant facilement vers des atomes d'oxygène étrangers. Si sa propre liaison était plus équilibrée, c'est-à-dire moins polaire, cette différence de charge et ainsi la force attractive vers des molécules extérieures n'existeraient pas. Ces liaisons hydrogène expliquent probablement la « danse de l'eau » (voir, dans le chapitre 1, *Eau vive et eau dormante*), vu que les molécules d'eau qui s'écoulent les unes contre les autres « s'attachent » volontiers brièvement à tour de rôle.

Lorsque l'eau gèle, les liaisons hydrogène deviennent stables : dans la glace, les molécules d'eau possèdent une troisième liaison solide. C'est ainsi qu'apparaît, dans le flocon de neige, le réseau cristallin hexagonal reconnaissable entre mille ; ce réseau occupe plus d'espace que l'eau liquide aux liaisons fluctuantes. Cette troisième liaison explique pourquoi l'eau se dilate en gelant et pourquoi la glace flotte sur l'eau du fait de sa plus faible densité.

Si l'on étudie les clusters en tant que complexes composés de plusieurs molécules d'eau, ils sont alors uniquement considérés comme des « vestiges du réseau cristallin », de petits éléments contenus dans l'eau liquide, qui prennent le plus souvent la forme d'un tétraèdre. C'est du moins ce que l'on a pu calculer à partir des données recueillies après une spectroscopie par résonance magnétique nucléaire*. L'abréviation chimique d'un cluster s'exprimerait donc par la formule $(H_2O)_x$. La lettre x en indice indique

* Spectroscopie par résonance magnétique nucléaire (aussi spectroscopie par RMN) : procédé dans lequel on induit une résonance des noyaux atomiques en les soumettant à l'action d'un puissant champ magnétique et à des impulsions de hautes fréquences. On peut ensuite évaluer l'agencement exact des atomes dans une molécule.

le nombre indéfini et toujours variable des molécules d'eau dans un cluster.

Malheureusement, ce modèle n'est pas tout à fait exact car, dans l'eau liquide, les clusters ne sont pas des structures solides et durables. Ils ne se solidifient que lorsque l'eau elle-même se solidifie, c'est-à-dire lorsqu'elle se transforme en glace. Étant donné que les liaisons hydrogène sont éphémères, les clusters le sont également. Il ne s'agit donc pas de structures cristallines solides mais plutôt de « tentatives de cristallisation permanente ».

Ces transformations incessantes des clusters expriment la « mobilité intrinsèque » de l'eau, déjà évoquée. Immobile en apparence, l'eau peut créer des millions de clusters en une seconde, même dans un espace aussi petit qu'un verre d'eau. Dépendant de plusieurs facteurs, la taille d'un cluster peut varier de moins de dix molécules à plus de sept cents. L'eau sous pression s'écoule en ligne droite, comme par exemple dans une canalisation d'eau potable, et crée des clusters sensiblement plus gros que l'eau soumise à aucune pression et pouvant s'écouler et tourbillonner librement.

Un cluster est un complexe éphémère composé de plusieurs molécules d'eau liées entre elles par des liaisons hydrogène. Celles-ci tirent parti de la nature dipolaire de l'eau et de la répartition « inégale » des électrons dans la liaison polaire associant l'oxygène et l'hydrogène. Cette « mauvaise » répartition s'explique par la différence d'électronégativité (« soif d'électrons » de l'oxygène) entre ces deux éléments, l'oxygène comptant un nombre de protons supérieur à l'hydrogène.

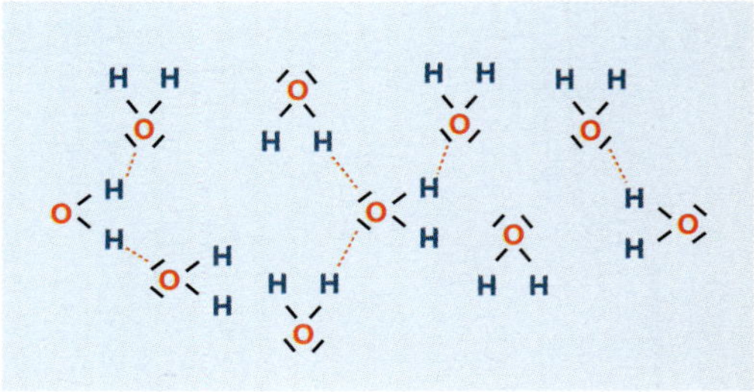

Liaisons hydrogène, éphémères et spontanées, dans l'eau liquide

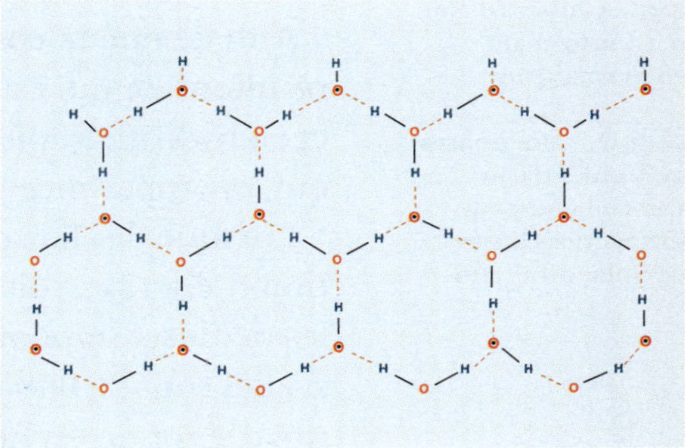

Réseau cristallin de la glace avec ses liaisons hydrogène

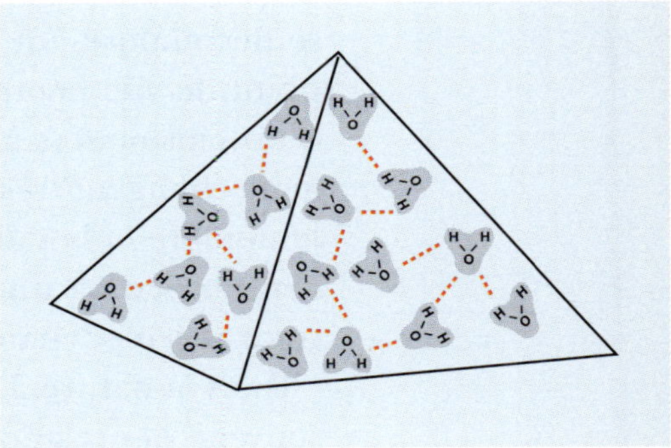

Cluster d'eau composé de molécules d'eau individuelles

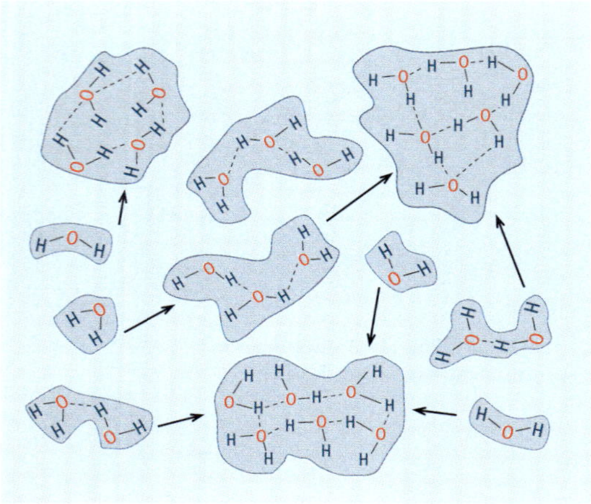

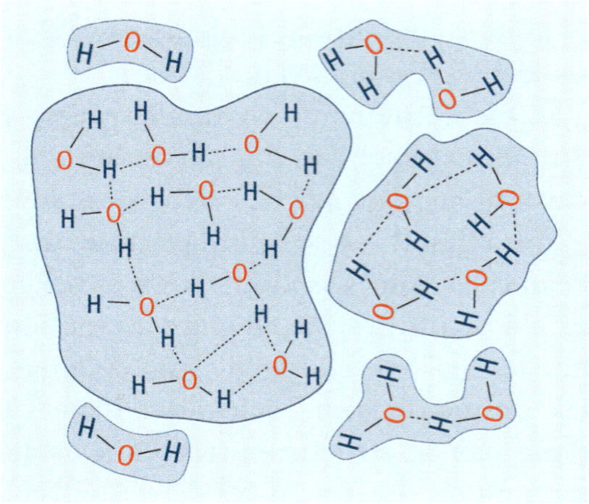

Gauche: Clusters d'eau se transformant en permanence

Droite: De nombreuses molécules d'eau s'assemblent pour former des clusters de taille différente

Afin de mieux comprendre les clusters et les phénomènes qui en résultent, ce qui est très important pour la qualité de l'eau potable et en hydrothérapie, nous devons encore examiner quelques points qui, en apparence, sont tout d'abord contradictoires.

Lorsque des liaisons chimiques se forment, il y a soit consommation d'énergie, soit libération d'énergie, selon le type de liaison et les matières impliquées. Dans le cas des liaisons hydrogène, même si elles sont de faible intensité et de courte durée, une petite quantité d'énergie est dégagée. Pour pouvoir défaire toutes les liaisons hydrogène dans une quantité d'eau déterminée, l'énergie préalablement libérée doit être de nouveau consommée. Si ce n'est pas le cas, *la formation de clusters* reste stable.

Ici, il est important de préciser que ce n'est pas le cluster *lui-même* qui reste stable (pour se dissoudre à nouveau après) mais *la tendance à former un cluster*! Cela signifie qu'au moment où un cluster se décompose, un autre apparaît immédiatement. Considéré du point de vue énergétique, l'énergie libérée lors de la formation d'un cluster sert à en dissoudre un autre. Si les liaisons hydrogène changent très rapidement (plusieurs milliers par seconde !), le nombre et la taille des clusters restent globalement à peu près constants, dans une quantité d'eau déterminée et dans des conditions thermodynamiques toujours égales.

Dans la nature, l'état d'équilibre est rarement statique. Le plus souvent, des relations restent stables parce que le va-et-vient entre deux états a atteint un niveau de stabilité à un certain moment et a donné naissance à un équilibre dynamique. En voici un exemple :

lorsque nous remplissons à moitié une bouteille avec de l'eau et que nous la rebouchons hermétiquement, il se forme, quelques instants après, un équilibre entre l'eau liquide et l'eau gazeuse se trouvant dans l'air au-dessus du liquide. À partir du moment où la bouteille est rebouchée, le rapport de quantités d'eau liquide et d'eau gazeuse reste constant dans la bouteille, du moins tant que la température ne change pas. Cela *ne veut pas dire* pour autant que plus aucune molécule d'eau ne s'évapore ni se condense (il s'agirait alors d'un équilibre statique). Au contraire, il y a autant de molécules d'eau qui s'évaporent que de molécules qui se condensent simultanément. Cela crée un équilibre dynamique, c'est-à-dire qu'à chaque seconde, des millions de molécules d'eau vont et viennent à travers la surface de l'eau.

Voilà comment nous pouvons imaginer les clusters dans l'eau liquide ; certes, un cluster individuel n'a qu'une brève « durée de vie » mais le type et le nombre de clusters reste à peu près constant dans l'eau, avec des conditions thermodynamiques toujours égales par ailleurs. C'est ainsi qu'un équilibre dynamique se crée entre la décomposition et la reformation de clusters. La taille de ceux-ci dépend de conditions telles que la pression et les mouvements de l'eau : une eau stagnante, soumise à une pression ou contrainte

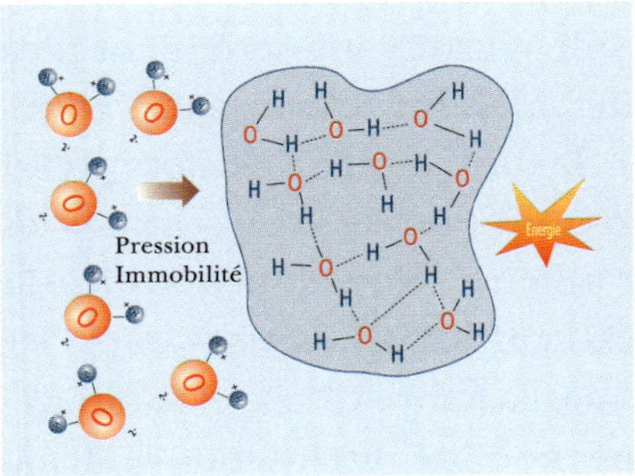

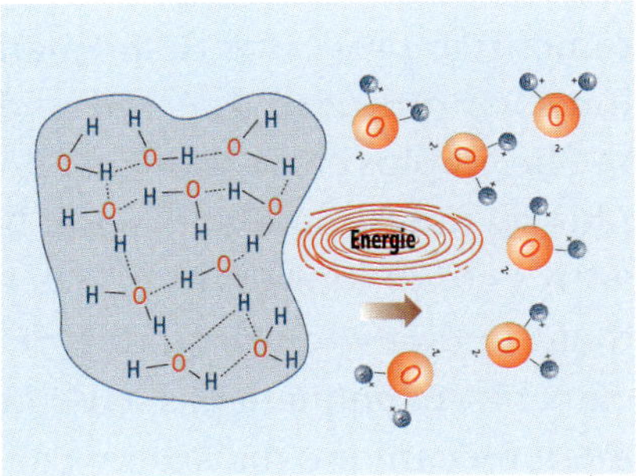

Gauche: Si l'eau est soumise à une pression ou si elle est « confinée » et immobile, les molécules d'eau s'assemblent pour former des complexes moléculaires, les fameux clusters. Cette création libère de l'énergie qui n'est plus disponible dans l'eau.

Droite: Lorsque l'eau s'écoule et tourbillonne, les clusters se décomposent de nouveau en molécules individuelles. Pour cela, il faut un apport d'énergie, fournie par les tourbillons de l'eau.

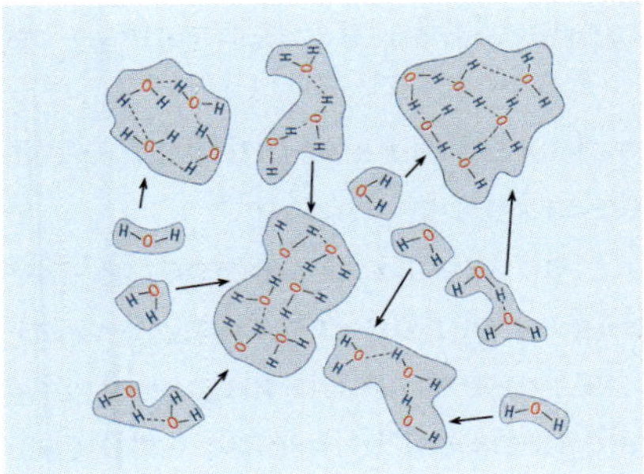

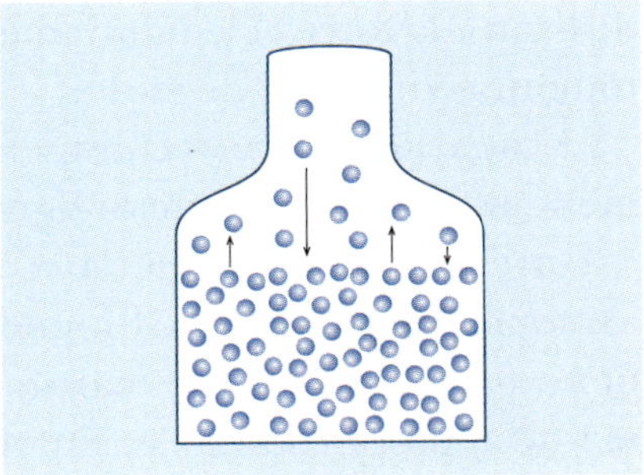

Gauche: Représentation schématique de la transformation dynamique des clusters d'eau

Droite: Équilibre dynamique lors de l'évaporation de l'eau en milieu fermé de s'écouler en ligne droite (dans des canalisations d'eau par exemple), favorise l'apparition de clusters plutôt gros, composés de plusieurs centaines de molécules d'eau. Une eau sans pression, qui peut couler en tourbillonnant et en suivant son propre mouvement, entraîne au contraire l'apparition de petits clusters renfermant un nombre relativement petit de molécules.

La dynamique de l'eau

À la lumière des connaissances scientifiques actuelles, on peut estimer que la nature dipolaire de l'eau, qui entraîne la formation de liaisons hydrogène, peut à elle seule déclencher la création de clusters. Le seul contre-pouvoir à cette « clustérisation » est la mobilité de la molécule d'eau, mobilité qui s'accroît avec un réchauffement ou un mouvement mécanique (écoulement libre ou tourbillon). D'après les scientifiques, le réchauffement ou le mouvement apportent l'énergie nécessaire à la décomposition des clusters.

En vertu de cette théorie, presque toutes les molécules d'eau contenues dans une bouteille où l'eau stagne devraient être agglomérées en clusters en l'espace de quelques secondes, un peu à l'image d'un tas de bâtonnets aimantés que l'on mélange arbitrairement et qui forment d'un seul coup un gros bloc. Or, curieusement, le processus de formation de clusters est nettement plus long, ce qui accrédite l'idée d'une mobilité intrinsèque continuelle. Et plus curieusement encore, la formation de clusters prend plus ou moins de temps selon la composition de l'eau – toutes les autres conditions étant égales par ailleurs. Nous touchons ici du doigt le thème de la qualité de l'eau car les différences entre les eaux ne s'expliquent pas seulement par la température et le mouvement mécanique mais aussi par une mobilité intrinsèque et dynamique propre à chaque eau. De fait, dans la nature, la dynamique de l'eau – la force et le mouvement apparaissant d'eux-mêmes – est toujours synonyme de vie !

La capacité de l'eau à éliminer les clusters par son propre mouvement est par conséquent le signe de sa nature vivante.

Autrement dit, lorsque la vivacité de l'eau est amoindrie, par exemple par la pression, l'immobilité ou par un écoulement rectiligne forcé, sa mobilité baisse et la clustérisation augmente de manière proportionnelle. Enfermée dans un lit creusé artificiellement ou mise en bouteille, l'eau est privée de sa mobilité et se comporte comme un animal sauvage captif : elle meurt lentement. Les clusters peuvent se former librement, l'eau perd sa liberté, son énergie, devient inerte et littéralement malade (voir le chapitre 7 pour les méthodes de visualisation de la vivacité de l'eau).

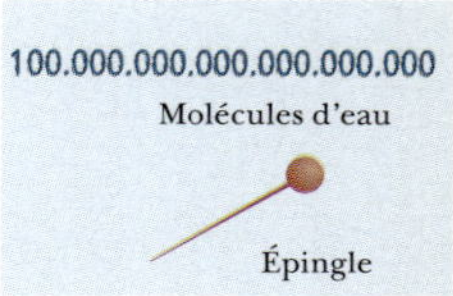

100 trillions de molécules d'eau sont grosses comme une tête d'épingle.

Cependant, la formation de clusters n'est qu'un aspect de cette vivacité. N'oublions pas que ces fameux clusters ne sont qu'un modèle qui ne reflète pas forcément la réalité. Le perpétuel changement des structures des clusters et la volatilité des liaisons hydrogène – les atomes d'hydrogène changent de « partenaire » à une vitesse de l'ordre de la nanoseconde – se situent à la frontière des possibilités de notre modèle, d'autant que nous ne pouvons réellement « voir » aucun de ces processus. Les molécules d'eau et leurs clusters sont bien trop petits pour cela. En effet, une molécule d'eau ne mesure qu'un dix millionième de millimètre. Il en faut 100 trillions (100 000 000 000 000 000 000 = 10^{20}) pour pouvoir obtenir une goutte grosse comme une tête d'épingle !

Même le meilleur microscope ne permet pas d'observer ces structures minuscules. Pour pouvoir suivre l'eau à la trace, les scientifiques ont besoin de dispositifs techniques* très coûteux. C'est pour cette raison que le modèle des clusters ne peut être transposé dans la réalité que sous toute réserve. Il s'appuie sur les conditions idéales d'une eau absolument pure, qui n'existe pas dans la nature et qui, d'un point de vue technique, est impossible à recréer. En effet, l'eau potable que nous buvons contient un cocktail de sels minéraux et de gaz dissous qui produisent des réactions très difficiles à analyser.

En revanche, ce dont les scientifiques sont sûrs, c'est que la nature s'efforce en permanence de dissoudre les clusters déjà formés par le mouvement. Dans la nature vierge de toute intervention humaine, l'eau est toujours en mouvement. Les ruisseaux et les fleuves ne coulent pas dans des lits durs, bétonnés et creusés dans le sol, mais au contraire en formant des méandres, en tourbillonnant, en clapotant et en tombant. Ce faisant, l'eau absorbe

* Parmi ces dispositifs, on compte par exemple les spectroscopes qui enregistrent les rayonnements électromagnétiques, les diffractomètres à rayons X qui mesurent les phénomènes d'interférences apparaissant lorsque des rayons X se diffractent sur une structure cristalline, les microscopes électroniques à balayage qui explorent les surfaces avec un faisceau d'électrons, et bien d'autres encore. Exploitées dans des calculs mathématiques très complexes, les données collectées permettent d'établir des modèles de mécanique quantique. Pour cela, il est nécessaire d'avoir des ordinateurs ultra-puissants car les processus mis en œuvre dans l'eau sont extrêmement complexes.

sans cesse de l'air et donc de l'oxygène. C'est ainsi que se crée la capacité d'auto-nettoyage de l'eau, abordée dans l'introduction. Dans la nature, l'eau retrouve très rapidement un état sain et vivant. Seul l'homme parvient à dégrader et à dévitaliser durablement l'eau, même si elle est « chimiquement pure » et « propre ». Tout cela parce qu'il n'a pas compris que l'eau est vivante.

La surface interne

Outre la construction de clusters, la formation de la surface interne (voir p. 55) exerce une très forte influence sur les propriétés de l'eau : les molécules situées au niveau de la surface sont animées d'une autre énergie que celles situées à l'intérieur de l'eau. Cela est dû à la tendance de l'eau à se rassembler et à former des sphères ou des gouttes avec la plus petite surface possible (voir au chapitre 1, *Tourbillon et goutte*). On appelle la force qui met en œuvre ce « rassemblement » la *force de cohésion**, c'est-à-dire l'attraction réciproque des molécules d'un liquide. De la puissance de cette force découle l'énergie de liaison d'un liquide. Rapporté à une molécule individuelle, l'énergie de liaison est d'autant plus forte que la molécule sera environnée d'un grand nombre de « voisines ».

En surface, les molécules d'eau ont moins de « voisines » que celles situées en profondeur et disposent donc d'une moins grande énergie de liaison. Pour parvenir en surface, elles ont besoin d'une énergie contraire qui « disperse » et triomphe en partie de l'énergie de liaison des molécules situées en profondeur. Les physiciens appellent cette énergie contraire *énergie de surface*, ou *tension superficielle*. L'énergie de liaison (conséquence de la force de cohésion) et l'énergie de surface (conséquence de la force de dispersion) ont donc des actions opposées.

Les molécules de surface ne sont pas plus statiques que celles de l'intérieur. Là encore, l'existence d'un équilibre dynamique est plus probable : en permanence, des molécules remontent à la surface où elles perdent de l'énergie de liaison et gagnent de l'énergie de surface, tandis que d'autres plongent à l'intérieur du liquide où elles perdent de l'énergie de surface et gagnent de l'énergie de liaison. Les molécules en surface sont plus « libres », moins fortement liées que celles à l'intérieur du liquide. Par consé-

---

* Du latin *cohærere*, « adhérer ensemble ».

quent, elles ont besoin d'une moindre quantité d'énergie stimulatrice extérieure pour détacher leur liaison. Nous pouvons facilement constater ce phénomène lors de l'évaporation d'une certaine quantité d'eau, d'autant plus importante que la surface du liquide est grande.

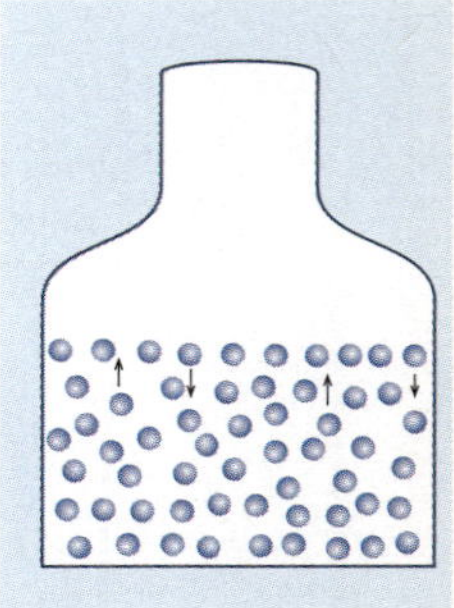

Équilibre dynamique entre les molécules montantes et descendantes à la surface de l'eau

Plus la surface d'un liquide est petite, plus la proportion de molécules en surface – plus « libres » et moins fortement liées – est faible par rapport aux molécules plus fortement liées situées en profondeur. L'ensemble du liquide est alors « lié », cohérent et passif : il devient « inerte » (son énergie de liaison est plus élevée). Plus la surface d'un liquide est grande, plus la proportion de molécules en surface est élevée par rapport aux molécules situées en profondeur. L'ensemble du liquide est alors plus « libre », plus actif et plus dynamique : il devient « réactif » (son énergie de surface est plus élevée). Cette « dynamisation », parfois appelée *énergétisation*, fait référence à l'énergie de surface qui correspond aux forces séparatrices, actives et dynamiques de l'eau.

Par « surface », on n'entend pas seulement la surface visible de l'eau aussi lisse qu'un miroir. Dans cet ouvrage, ce terme fait aussi référence à la « surface intérieure » de l'eau. Chaque bulle de gaz est enveloppée d'une surface ; même les espaces (zones de vide) entre les clusters sont recouverts de ce que l'on appelle une *surface interne*. Additionnées les unes aux autres, toutes ces surfaces forment une superficie importante, bien plus grande que la surface visible, comparativement minuscule.

Dans une eau de bonne qualité, la surface interne peut être vraiment gigantesque. Selon son origine et sa qualité, une eau peut contenir des gaz et des zones de vide en différentes quantités, faisant considérablement varier les « surfaces internes ». Si ces surfaces varient en taille et en nombre, elles modifient inévitablement l'eau sur le plan énergétique. Plus les surfaces internes de l'eau sont importantes, plus les molécules possèdent une énergie de surface élevée et une énergie de liaison faible. Là encore, le mouvement et le tourbillonnement de l'eau jouent un rôle prépondérant en dissolvant les plus gros clusters, en augmentant la teneur en gaz et le nombre d'espaces (zones de vide). Dans ce cas, les surfaces internes sont plus importantes, l'eau devient dans l'ensemble plus active et plus réactive : elle est « dynamisée » ou « énergisée ».

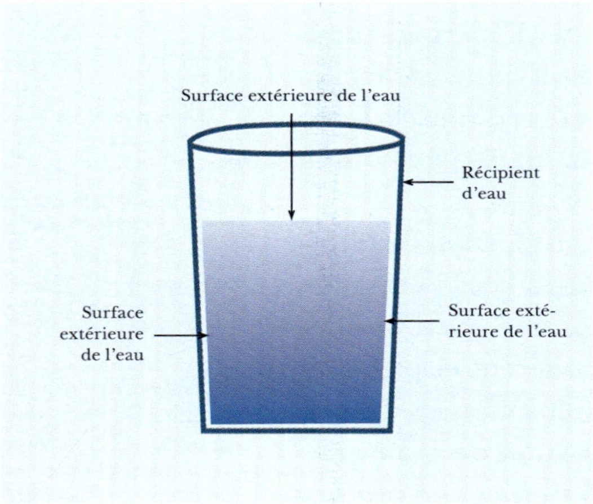

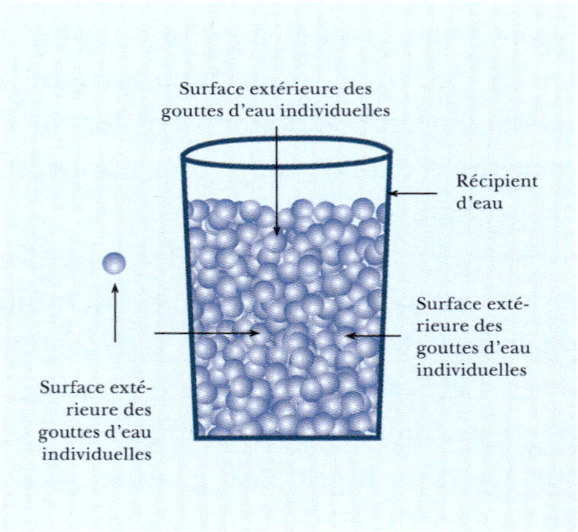

Gauche: Représentation schématique de la surface extérieure de l'eau

Droite: Représentation schématique de la surface intérieure de l'eau

« Dans une eau correctement animée, nous avons affaire à un processus vivant jusque-là ignoré et jamais étudié. Une eau sans mouvement est une eau morte, finalement nocive pour la vie. »
Viktor Schauberger (1885-1958),
célèbre chercheur autrichien spécialiste de l'eau

En s'agitant, l'eau acquiert dynamisme et énergie

Pour nous nourrir, nous avons besoin d'aliments vivants et sains. S'ils sont sains, c'est-à-dire produits naturellement et en culture biologique, céréales, fruits et légumes contribuent à une bonne santé ; malsains, ils peuvent favoriser la maladie. Pour l'eau, c'est la même chose : *« Une eau vivante apporte la vie, une eau morte apporte la mort ! »* (Viktor Schauberger)

Et une eau « vivante » est avant tout une eau agitée, tourbillonnante, dotée d'une grande surface interne. Une eau « morte », ou « malsaine », a été dépossédée de ses mouvements naturels et a perdu une grande partie de sa surface interne.

Avant d'apprendre à connaître le rôle de l'eau dans notre organisme (chapitres 3 et 4) et d'étudier d'autres facteurs chimiques, biologiques et physiques, qui interviennent dans l'eau vivante (chapitres 5 à 8), nous devons continuer à nous pencher sur les autres mystères de l'eau.

Le « faux » point de congélation et d'ébullition

L'eau renferme encore bien des secrets et des particularités – dont le point de congélation et le point d'ébullition – essentiels pour la vie sur Terre. D'après les lois physiques et chimiques actuellement connues, l'eau sous forme de glace devrait, en réalité, se liquéfier à -120°C (et non pas à 0°C) et, une fois liquide, bouillir à -100°C (et non pas à +100°C).

Mais, heureusement, tel n'est pas le cas. Les scientifiques tentent d'expliquer ce «faux» point de congélation et d'ébullition par les liaisons hydrogène et les formations de clusters. Cependant, ne connaissant pas suffisamment ces derniers, ils ne peuvent confirmer leurs hypothèses.

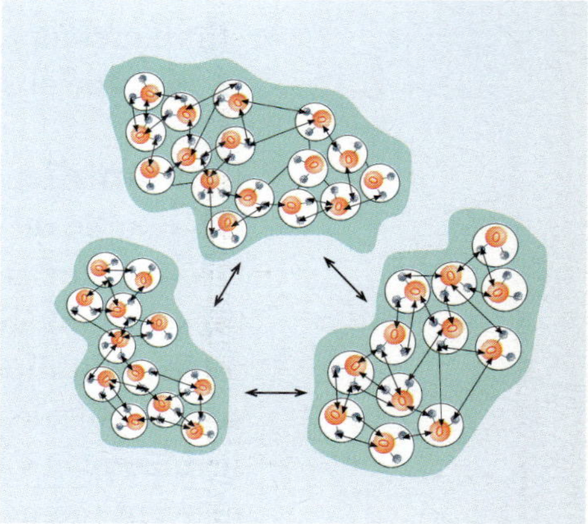

Représentation de l'interaction entre les différents clusters d'eau

Phénomène tout aussi difficile à expliquer, la *température critique* de l'eau. En physique, la *température critique* est la température au-dessus de laquelle un gaz, soumis par ailleurs à une forte pression, ne peut plus être liquéfié. La température critique réelle de l'eau se situe à 374°C; or, d'après les lois physiques, elle devrait se situer à 50°C.

Autre phénomène mystérieux: il faut deux fois plus de temps à l'eau pour absorber et libérer de la chaleur que ne le dictent les lois de la physique.

Gauche: Le «faux» point de congélation de l'eau joue un rôle déterminant pour les êtres vivants

Droite: Grâce à l'anomalie de la densité de l'eau, la glace constitue une couche protectrice qui conserve la chaleur

En outre, sa tension superficielle est dix fois plus grande qu'elle ne devrait théoriquement l'être !

L'eau présente une tendance marquée à rester cohérente (tension superficielle) et à conserver sa température (absorption et libération de chaleur ralenties), tendance probablement due à l'action des liaisons hydrogène et des clusters. Ces propriétés sont d'autant plus spécifiques à l'eau que le sulfure d'hydrogène (H_2S), molécule chimiquement la plus proche de l'eau, ne forme aucun cluster et ne possède absolument pas ces caractéristiques.

L'anomalie de la densité

L'anomalie de la densité est une autre grande énigme posée par l'eau. Au fur et à mesure que la température baisse, toute matière présente sur Terre devient plus dense : elle se contracte, devient moins volumineuse. Ce phénomène est très facilement observable sur les rails de chemin de fer ou sur les ponts en béton : en été, ils se dilatent et s'allongent sensiblement et, dans certains cas, les rails peuvent même se déformer ; en hiver, ils rétrécissent et raccourcissent. C'est ainsi que se comportent toutes les matières… à l'exception de l'eau !

Comme les autres matières, l'eau se densifie au fur et à mesure que baisse la température mais jusqu'à 4°C seulement. En deçà, elle cesse de se densifier ! C'est à 4°C qu'elle atteint sa plus grande densité et, si la température continue à baisser, elle commence de nouveau à se dilater. Ce phénomène est clairement observable lorsque l'on fait geler de l'eau dans une bouteille en verre : celle-ci se brise. En se solidifiant, l'eau se dilate et augmente d'environ $^{1}/_{11}$ en volume.

Sur une étendue d'eau, celle-ci gèle uniquement en surface car l'eau à 4°C, plus dense et plus lourde, tombe au fond. La glace, moins dense et plus légère, flotte toujours en surface. Du fait des plus grands espaces vides dans sa structure cristalline, elle ne représente qu'environ 90% de la densité de l'eau liquide. Ainsi, même par les hivers les plus rigoureux, les êtres vivants aquatiques peuvent survivre dans l'eau sans être pris dans les glaces car l'eau la plus lourde et la plus chaude se trouve toujours dans les couches les plus profondes.

L'anomalie de l'eau, plus dense à 4°C, est absolument primordiale pour la survie des êtres vivants aquatiques. Cette anomalie est unique en son genre et seule l'eau possède cette particularité, qui s'explique par les liaisons hydrogène.

La chaleur spécifique, ou chaleur massique, de l'eau

Plus que tous les autres éléments, l'eau est capable d'emmagasiner une quantité de chaleur considérable. En physique, on parle

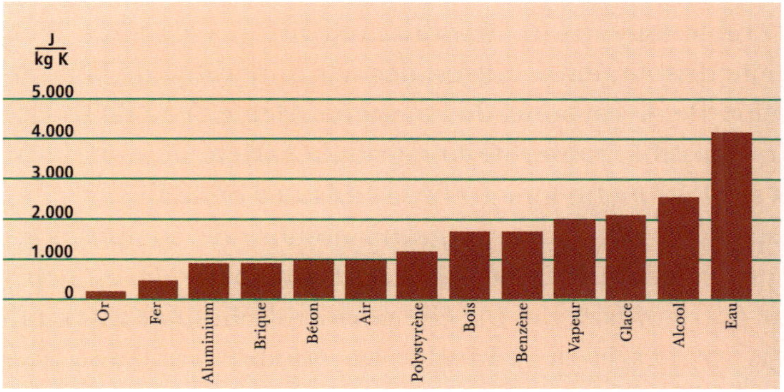

Gauche: Étude comparative de la chaleur spécifique de différentes matières

Droite: L'eau peut accumuler une quantité de chaleur tout à fait considérable

d'une très haute *capacité calorifique* spécifique. Pour élever de 1°C la température d'un litre d'eau, 1 000 calories (soit 1 kilocalorie) sont nécessaires. La capacité calorifique de l'eau vaut quatre fois celle de l'air.

Cette capacité à accumuler de la chaleur a une importance fondamentale dans la régulation du climat. En effet, les grandes étendues d'eau ont une action équilibrante sur celui-ci. Les nuages ne transportent pas uniquement de l'eau mais énormément de chaleur. Les courants marins, comme le Gulf Stream par exemple, véhiculent de colossales quantités de chaleur, absolument essentiels pour la régulation climatique de la planète.

En stockant de la chaleur, en la diffusant et en l'équilibrant, l'eau joue dans notre organisme ce même rôle régulateur. Aux nombreuses étendues d'eau thermostatiques correspond dans notre corps le liquide tissulaire dans lequel baignent nos cellules et nos organes. Aux grands courants marins régulateurs correspond notre circulation sanguine. Grâce à l'irrigation sanguine et à la sécrétion d'eau sous forme de transpiration – analogie avec les nuages –, notre organisme parvient de manière surprenante à maintenir une température constante.

L'eau comme solvant

Nous avons déjà vu dans le chapitre 1 que l'eau est un excellent solvant. Elle dissout le sel dans l'eau de cuisson, le miel dans le thé ou le savon dans la lessive : elle est capable d'absorber des substances fort différentes en concentrations variées. En tant que solvant, l'eau est tellement puissante que, dans la nature, elle n'est jamais totalement pure ; dans des conditions propices, elle dissout et établit toujours des liaisons avec diverses matières. Bien entendu, elle dissout, entre autres, des sels minéraux, de la poussière, du dioxyde de carbone, de l'oxygène. Même l'eau de source la plus pure possible renferme une grande variété de minéraux, énumérés sur l'étiquette lorsqu'elle est mise en bouteille.

Cette capacité à dissoudre un grand nombre de composés est l'une des propriétés principales de l'eau. D'une part, elle est bénéfique pour notre organisme car elle permet d'éliminer les impuretés et les toxines et de véhiculer les nombreuses substances vitales nécessaires à nos cellules. D'autre part, cette propriété a un inconvénient : étant donné que l'homme rejette de plus en plus de substances toxiques dans l'environnement, il les retrouve dans l'eau. Les nappes phréatiques sont ainsi de plus en plus surchargées et nombre de sources deviennent impropres à la consommation. Les précipitations, elles, dissolvent les composés qui se trouvent dans l'air ; le dépérissement des forêts nous a appris ce que signifiait l'expression *pluies acides*. L'eau nous renvoie les poisons que nous répandons à la légère.

Les études scientifiques montrent clairement que nous empoisonnons l'eau potable !

Par ailleurs, l'excellente capacité de dissolution de l'eau pose un autre problème – bien que de moindre importance. Comme il est extrêmement difficile, voire quasiment impossible, de fabriquer une eau totalement « pure », dépourvue de toute substance étrangère, les scientifiques ne peuvent presque jamais effectuer des recherches sur l'eau en tant que telle mais uniquement sur des solutions aqueuses. Et plus les chercheurs se penchent sur des détails subtils, plus ils découvrent des différences importantes entre les eaux…

Gauche : L'eau est le seul élément sur Terre à pouvoir être présent simultanément dans les trois états d'agrégation : liquide sous forme d'eau, solide sous forme de glace et gazeuse sous forme de vapeur atmosphérique.

Droite : Chaleur spécifique de l'eau

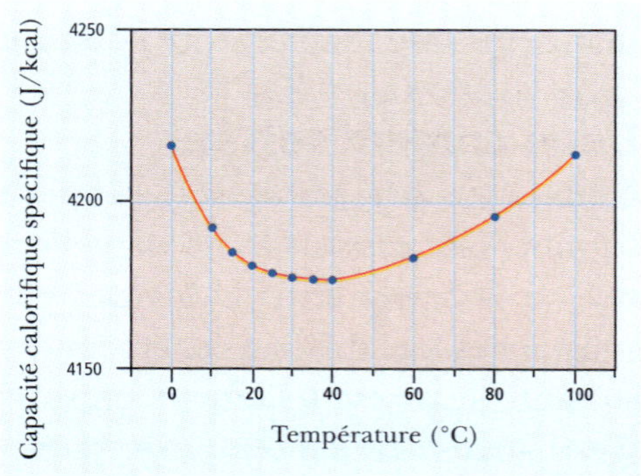

Les états d'agrégation de l'eau

Autre particularité de l'eau, elle peut être présente simultanément dans tous les états d'agrégation, dans des conditions de températures les plus courantes.

Sur notre planète, l'eau est toujours présente, parfois au même endroit, sous forme solide, liquide et gazeuse.

Sur Terre, aucune autre matière ne possède de telles propriétés. L'eau semble parfois bien peu se soucier de ce que la température « autorise » ou non.

La transition « fluide » de l'état solide à l'état liquide

En relation avec les différents états d'agrégation, l'eau possède une autre particularité absolument capitale pour la vie sur Terre : la transition de l'état solide à l'état liquide se produit de manière « fluide ». Naturellement, on nous enseigne à l'école que l'eau gèle à 0°C ou que la glace fond au-dessus de 0°C ; or, le processus n'est pas aussi simple que cela ! La glace commence effectivement à fondre à 0°C mais ce n'est qu'à 42°C que le processus est totalement terminé. Entre 0°C et 42°C, l'eau n'est plus solide sans être toutefois totalement liquide. Dans cette plage de température, l'eau est à la fois liquide et cristalline et c'est justement dans cet intervalle qu'éclot la vie. À partir de 42°C, la nature cristalline de l'eau a définitivement disparu et, là encore, c'est à cette température que la vie s'arrête chez l'homme et de nombreux autres êtres vivants. Est-ce un hasard ? Certainement pas !

Lorsque la température chute en dessous de 0°C, tout ne gèle pas immédiatement et, lorsque la température remonte au-dessus de 0°C, tout ne se liquéfie pas sur-le-champ.

À 37,5°C, la capacité calorifique spécifique de l'eau atteint une valeur minimale, signe d'un changement de phase à cette température. Celle-ci correspondrait à une « niche thermique » favorable à la vie.

Les scientifiques n'ont pas encore étudié l'impact réel de cette caractéristique. Mais, pour rester en vie, l'être humain a visiblement besoin de cette nature cristalline de l'eau, de cet état intermédiaire mi-solide mi-liquide.

Le passage de l'état solide à l'état liquide ne se produit pas obligatoirement à 0°C. À ce sujet, l'eau peut jouer un joli tour de passe-passe à l'hiver : placez une bouteille d'eau, dehors, pendant la nuit, dans un endroit abrité, alors que le thermomètre chute en dessous de zéro. Le lendemain, vous retrouverez probablement une bouteille remplie d'eau liquide, malgré le refroidissement nocturne. En revanche, si vous bougez la bouteille, en la secouant par exemple, l'eau se transformera brusquement en glace. En fait, il lui faut une impulsion nette pour déclencher le processus de congélation. Si vous utilisez une bouteille d'eau gazeuse contenant du gaz carbonique dissout, la montée des bulles de gaz à l'ouverture de la bouteille suffira à provoquer la congélation. La bouteille, transportée avec précaution à l'intérieur d'une maison, ne gèle qu'à partir du moment où l'on essaie de dévisser le bouchon.

La transition de l'état liquide à l'état gazeux se produit elle aussi dans la « fluidité ». L'eau en ébullition s'évapore à la surface et se dilate énormément : le volume de la vapeur est 1 725 fois supérieur à celui de l'eau liquide. Cette formidable dilatation est d'ailleurs exploitée dans la machine à vapeur. La force cachée dans cette dilatation a été à l'origine de la révolution industrielle du XIXe siècle.

Le tourbillon

« J'ai rencontré moins de difficultés dans la découverte du mouvement des corps célestes, en dépit de leur surprenant éloignement, que dans les recherches sur le mouvement de l'eau vive, qui pourtant coule sous nos yeux. »
Galilée (1564-1642)

Dans l'eau vive, de nouveaux tourbillons se forment sans cesse. Le moindre obstacle, aussi petit soit-il, en crée un. Ces tourbillons peuvent être microscopiques, petits comme une goutte d'eau, ou bien aussi grands que des continents !

Tenant à la fois de l'entonnoir et de l'hyperbole*, le tourbillon apparaît suite à un mouvement rotatif de l'eau. Sur le plan géométrique, il vient de l'infini et s'écoule vers l'infini. Si on l'observe latéralement, la surface de l'eau part de l'horizontale puis descend en formant une courbe dans un boyau vertical. Dans un tourbillon hélicoïdal, la vitesse de rotation de l'eau augmente constamment

* Parmi ses caractéristiques, l'hyperbole est une courbe se rapprochant de plus en plus de deux axes non parallèles, sans jamais les toucher. Mathématiquement, elle rejoint les axes seulement à l'infini. Lorsque nous imaginons un tel système d'axes dans un tourbillon hélicoïdal, nous constatons que le tourbillon se détache lentement de la surface horizontale vers l'intérieur en suivant une courbe qui descend dans un « boyau » vertical. Cette courbe est appelée une *hyperbole* (du grec *hyperbolê*, « lancer par-dessus ou au-delà »).

au fur et à mesure de sa descente dans le boyau et peut atteindre des vitesses périphériques importantes. Le tourbillon devient de plus en plus mince mais ne finit théoriquement jamais d'après les lois mathématiques.

Un tourbillon hélicoïdal possède une surface importante, sur laquelle l'eau aspire de l'air, absorbant ainsi de l'oxygène.

Dans la nature, il existe différentes sortes de tourbillons:

1) l'anneau tourbillonnaire,

2) le tourbillon hélicoïdal.

Les anneaux tourbillonnaires se produisent lorsque l'on verse un liquide dans un autre liquide ou un gaz dans un autre gaz. Ils ressemblent aux ronds de fumée que les fumeurs font parfois pour s'amuser.

Les tourbillons hélicoïdaux apparaissent lorsque l'eau contourne un obstacle, par exemple lorsqu'un torrent de montagne contourne des rochers. Ils apparaissent aussi en cas d'aspiration vers le fond, comme dans un lavabo, ou au confluent de deux courants, par exemple dans le cas d'un cyclone.

Tourbillon hélicoïdal dans une bouteille

Physiologiste et physicien allemand, Hermann von Helmholtz (1821-1894) a formulé en 1858 quatre lois fondamentales sur les tourbillons qui décrivent le comportement et le mouvement de ceux-ci dans des fluides libres de tout frottement:

1. Un filet tourbillonnaire est toujours composé de molécules de fluide identiques.

2. Le flux tourbillonnaire est constant dans le temps pendant l'écoulement du filet tourbillonnaire et reste constant, même pendant le mouvement du tourbillon.

3. La vitesse de rotation mesurée dans n'importe quelle section transversale du filet tourbillonnaire est inversement proportionnelle à l'aire de la section.

4. Un filet tourbillonnaire est soit refermé sur lui-même, soit il s'achève aux frontières du fluide.

Formation d'un tourbillon après un coup de rame

On peut conclure de cette quatrième loi qu'un tourbillon est soit refermé sur lui-même (sous forme d'un anneau tourbillonnaire), soit situé en surface d'un fluide pour toujours finir en profondeur (tourbillon hélicoïdal). Un tourbillon ne commence ni ne finit jamais à l'intérieur d'un fluide.

Les deux premières lois de Helmholtz établissent que, dans un fluide dépourvu de frottement (condition préalable à ces lois), un

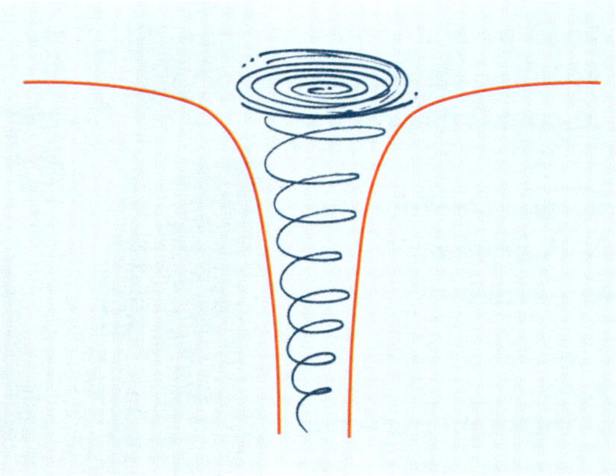

Représentation de la formation d'un anneau tourbillonnaire montant, en forme de champignon, par un jet d'eau vertical dans une canalisation ou par une projection saccadée de fumée dans l'air.

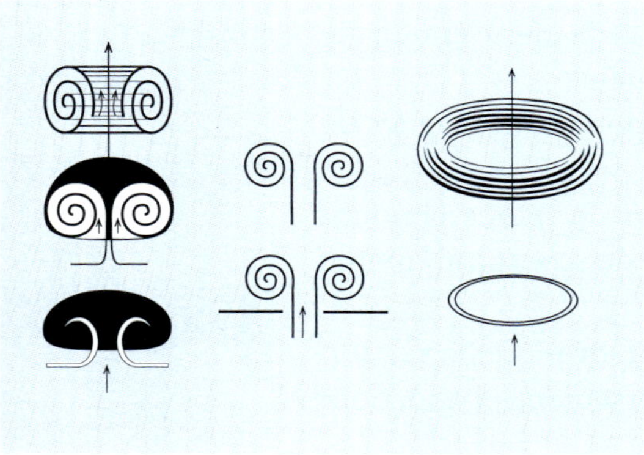

Représentation de la formation d'un tourbillon hélicoïdal, par un écoulement d'eau, avec enfoncement de la surface de l'eau dans une sorte de boyau.

tourbillon ne peut ni être créé ni détruit. Dans un tel fluide, il n'y aura donc jamais de tourbillons.

Inversement, cela signifie que, dans la nature, le tourbillon ne peut se former qu'à la suite de processus de frottement. Il peut soit apparaître à la frontière de deux fluides ayant des vitesses d'écoulement différentes, soit être créé par un obstacle dans le courant.

Selon la troisième loi de Helmholtz, la vitesse de tourbillonnement (vitesse de rotation) d'un fluide versé dans un entonnoir augmente au fur et à mesure de sa descente dans l'entonnoir.

« Inversement proportionnelle » signifie « dans un rapport opposé » : plus l'aire de la section transversale est grande, plus la vitesse est petite. Plus l'aire de la section est petite, plus la vitesse est grande ! En d'autres termes, le produit de l'aire par la vitesse est constant.

En surface, l'entonnoir est vaste, s'étirant en théorie sur une horizontale infinie. La surface de l'eau (théoriquement infinie) entourant l'entonnoir ne tourne donc pas. « Inversement proportionnelle » signifie dans ce contexte : « la surface s'étend vers l'infini et la vitesse tend vers zéro ». L'entonnoir se courbe de plus en plus vers le bas tandis que le diamètre et l'aire de la section transversale diminuent. Par conséquent, le fluide tourbillonnant accélère de plus en plus – là encore, de manière inversement proportionnelle ! – du fait du rétrécissement du tourbillon. Les tourbillons sont de plus en plus rapides au fur et à mesure qu'ils descendent dans l'entonnoir. En théorie, un tourbillon hélicoïdal descend jusque vers l'infini ; autrement dit, sa section transversale tend infiniment vers zéro et sa vitesse tend elle aussi vers l'infini. En réalité, cela est bien entendu impossible étant donné que le tourbillon est limité par le sol. Il s'agit néanmoins d'une théorie très intéressante car un tourbillon assez étroit atteint, d'après la troisième loi de Helmholtz, des vitesses plus grandes que celle de la lumière !

Autre particularité du tourbillon : en règle générale, pour un mouvement circulaire, plus la rotation est rapide et plus la force centrifuge est importante et entraîne vers l'extérieur. Le tourbillon, au contraire, est d'autant plus étroit qu'il tourne rapidement !

Un tourbillon hélicoïdal comporte en son centre une zone de vide résultant de la force qui entraîne la colonne tourbillonnante vers le bas. Au sein d'un tourbillon d'eau, cette force attire de l'oxygène et d'autres gaz, jouant un rôle important dans le traitement et l'énergétisation de l'eau.

Vitesses théoriquement infinies (donc plus grandes que celle de la lumière), rétrécissement avec accélération de la vitesse de rotation (contraire de la force centrifuge), vide d'aspiration au centre du tourbillon, toutes ces caractéristiques montrent qu'un tourbillon est un phénomène naturel tout à fait particulier qui nous entraîne aux frontières des lois connues.

C'est peut-être du fait de ces propriétés que le tourbillon incarne le mouvement naturel de l'eau mais il est certain que les tourbillons revêtent une importance capitale pour la qualité de l'eau et son traitement.

Écoulement et tourbillons vont toujours de pair

Chapitre 3

Pourquoi l'eau est-elle aussi importante pour la vie ?

L'eau est impliquée dans toutes les fonctions vitales.

Selon Theodor Schwenk (1910-1986), fondateur de l'Association pour la recherche sur les fluides et de l'Institut pour les sciences des fluides, installé à Herrischried (Allemagne) :

« Dépourvue d'organes, l'eau est l'organe originel commun à tous les êtres vivants, toujours fonctionnel. »

Et il ajoute :

« Par son renoncement à toute forme spécifique, l'eau devient un élément créateur présent dans le développement de toutes les structures.

Par son renoncement à toute vie spécifique, l'eau devient un élément originel de tous les êtres vivants.

Par son renoncement à toute particularité matérielle spécifique, l'eau devient le support de toutes les transformations de la matière.

Par son renoncement à tout rythme spécifique, l'eau devient le support de tous les rythmes. »

L'eau dans l'organisme

L'eau est indispensable au maintien des processus vitaux. Constituant 70 à 80% de la masse corporelle, c'est l'élément présent en plus grande proportion dans l'organisme. Si l'on ajoute l'eau liée dans les tissus solides du corps, comme les os et les dents, sa proportion atteint même 90% de la masse corporelle. Pour un adulte pesant 70 kg, le besoin minimal en eau s'élève à environ deux litres par jour; il est assuré par les boissons et l'alimentation solide comportant des ingrédients liquides. On classe l'eau corporelle en deux grandes catégories de fluides : ceux des espaces intracellulaires (à l'intérieur de la cellule) et ceux des espaces extracellulaires (à l'extérieur de la cellule, par exemple le sang, la lymphe).

Dans notre organisme, l'eau a plusieurs fonctions, par exemple la dissolution et le transport des nutriments et des déchets, la régulation thermique, les fonctions de communication et de transmission, etc. Elle est l'élément fondamental de tous les processus vitaux.

L'eau, moyen de transport et solvant

Les principaux composants de l'alimentation (glucides, lipides et protéines) sont décomposés dans le système digestif. La salive, le suc gastrique et les sécrétions pancréatiques contiennent la plupart des enzymes* nécessaires à cette étape de décomposition. La résorption (assimilation) des produits de la digestion (nutriments, vitamines, minéraux) se produit principalement dans l'intestin grêle par les villosités intestinales**. Une fois dans le flux sanguin, les substances sont transportées par la veine porte jusqu'au foie. Les substances non transformées par le métabolisme hépatique parviennent dans le métabolisme général. En revanche, les substances résorbées par la muqueuse buccale ou dans le tiers inférieur du rectum côlon parviennent directement dans la circulation sanguine sans passer par la veine porte. Dans une journée, l'appareil digestif reçoit environ neuf litres de liquide, dont deux apportés par l'alimentation et les boissons et six par les sécrétions

---

* Les enzymes sont des protéines qui commandent les processus métaboliques.

** Les villosités intestinales sont des saillies de la paroi intestinale, à l'intérieur de l'intestin grêle. Elles abritent un grand nombre de vaisseaux sanguins très fins appelés *capillaires* (du latin *capillus*, « cheveu »).

des glandes salivaires, de l'estomac, du foie, du pancréas et de l'intestin grêle.

Les nutriments dissous sont ensuite acheminés vers les cellules via les vaisseaux sanguins. L'échange de nutriments et d'oxygène se produit dans l'espace extracellulaire au niveau des vaisseaux les plus fins, les capillaires. Il est absolument indispensable de préserver un système circulatoire intact pour alimenter correctement notre organisme. En effet, lorsque les vaisseaux de ce système sont rétrécis, par exemple en cas d'artériosclérose, la tension artérielle augmente. Dans les cas extrêmes, les vaisseaux peuvent s'obstruer au niveau du cœur (infarctus du myocarde), du cerveau (apoplexie) ou des jambes (thrombose).

Une fois les nutriments acheminés dans l'espace extracellulaire par les vaisseaux capillaires, ils sont transférés dans la cellule. Là, le processus métabolique se met en route : il permet de construire et d'entretenir notre corps dont la moindre partie dépend en effet, directement, du travail métabolique des cellules.

Les produits de dégradation apparus au cours du métabolisme (métabolites) retournent dans l'espace extracellulaire, dans l'espace intercellulaire ou dans le tissu conjonctif. C'est ici que se trouvent les fibres nerveuses et les fibres des tissus conjonctifs. Ces fibres forment un réseau très fin, constitué de molécules de protéines et de glucides extrêmement complexes. Toute substance voulant entrer ou sortir de la cellule doit obligatoirement traverser ce réseau sophistiqué qui est un immense réservoir d'eau. Le système de tamis du tissu conjonctif exerce la même fonction que les reins. Il peut aussi stocker des substances.

En temps normal, les produits cataboliques et autres substances indésirables sont éliminés de l'organisme par les reins, la peau, l'intestin ou les poumons. Tout ce qui ne peut pas être éliminé par ces organes est stocké dans le corps et notamment dans le tissu conjonctif mou et dans les tissus adipeux. Les substances dégradées s'y accumulent et forment une véritable décharge dans le corps humain. Ce processus est bien entendu anormal et le corps ne stocke que ce qu'il ne peut pas éliminer définitivement. Malheureusement, ces zones de stockage provisoire des métabolites se transforment bien souvent en zone de stockage permanent. De fait, l'organisme d'un habitant des pays industrialisés modernes reçoit tous les jours et régulièrement tant de déchets et de toxines que ses mécanismes d'élimination sont totalement et durablement surchargés. Par conséquent, les tissus conjonctifs stockent non seulement les produits ultimes du métabolisme mais aussi tous les éléments et les polluants apportés de l'extérieur. Parmi les substances qui posent de graves problèmes, citons les pesticides, les poisons et les métaux lourds, encore plus destructeurs pour le tissu conjonctif. Par ailleurs, celui-ci emmagasine également des sels inorganiques et du calcaire (voir au chapitre 6, *Les minéraux*).

À cause de cet engorgement, le passage des nutriments des capillaires aux cellules est de plus en plus difficile. Tandis qu'au début de la vie, les échanges se produisent de façon totalement libre, des substances solides et des dépôts les entravent au fil des années. L'organisme s'efforce alors de trouver un nouvel équilibre en augmentant la pression dans le système sanguin. Dans les pays industrialisés, on accepte donc comme une fatalité que la tension artérielle s'accroît en vieillissant. Quant à savoir si ce cercle infernal pourrait être évité, cette question est passée sous silence ou n'a pas encore trouvé de réponse.

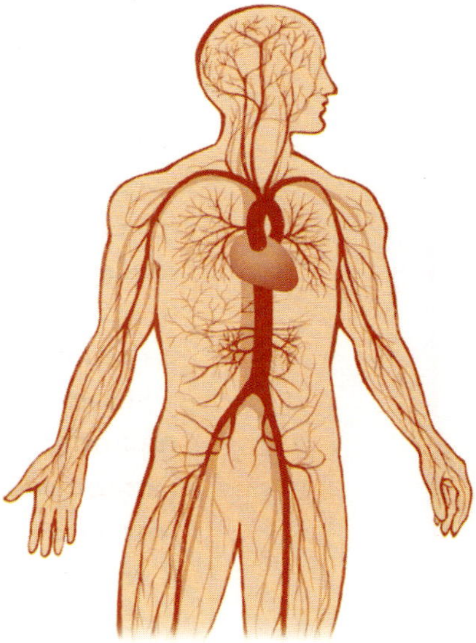
L'eau est le moyen de transport de tout l'organisme.

Si la tension artérielle est trop élevée, la personne se voit prescrire un médicament allopathique hypotenseur. La tension chute effectivement et les cellules reçoivent un flux sanguin réduit, entraînant ainsi une baisse de l'approvisionnement en nutriments et en oxygène. Les cellules sont donc de moins en moins alimentées, et soumises à un stress croissant jusqu'à ce qu'elles dépérissent et finissent par mourir. Sinon, elles recréent des mécanismes archaïques provenant de la période embryonnaire et commencent à se multiplier de manière autonome. Elles se développent et se divisent rapidement, sans aucune considération pour leur environnement. Ce retour vers un modèle originel ne survient jamais arbitrairement mais découle toujours d'une situation où le pronostic vital des cellules est menacé, par exemple après un manque d'oxygène, d'eau ou de nutriments.

Un approvisionnement amoindri en oxygène joue ici un rôle très important.

En voici une illustration : l'homme et les animaux inspirent de l'oxygène et expirent du dioxyde de carbone. Dans le règne végétal, c'est exactement l'inverse qui se produit. Comme chacun sait, l'homme et les animaux ne grandissent pas tout au long de leur vie. Une fois devenus adultes, leur organisme cesse de grandir. Les plantes, elles, poussent de manière ininterrompue. Si l'on coupe une branche d'un arbre, il en pousse une nouvelle. Si les cellules humaines ne sont pas suffisamment approvisionnées en oxygène, par exemple à cause de l'un des processus décrits plus haut, elles peuvent opter pour une sorte de modèle de survie « végétal ». S'ensuivent une prolifération et une croissance incontrôlées. Les scientifiques savent aujourd'hui que les cellules cancéreuses manquent d'oxygène. Une des causes de ce dérèglement tient à l'engorgement progressif de l'organisme et donc à un approvisionnement insuffisant des cellules en oxygène.

Selon le docteur Alois Riedler, « toutes les maladies fortement répandues dans la population, telles que l'infarctus du myocarde, l'attaque d'apoplexie, les rhumatismes, l'ostéoporose, l'artériosclérose et le cancer sont indissociablement liées à ces phénomènes d'engorgement, à l'acidification du corps et à un approvisionnement réduit en oxygène. Elles représentent les stades terminaux de dysfonctionnements qui ont perduré pendant plusieurs décennies et de processus insidieux envahissant progressivement l'organisme. »

En buvant une eau de grande qualité, peu minéralisée et peu polluée, dotée d'excellentes qualités physiques, que nous préciserons plus loin, nous pouvons nettoyer le tissu conjonctif. Pour ce faire, il est important que l'eau possède les meilleures propriétés de dissolution. Elle ne doit pas être limitée dans sa capacité d'absorption par des substances déjà dissoutes en elle, par exemple des minéraux, des nitrates, des sels, etc. Non seulement cette eau permettra de soulager le tissu conjonctif en y absorbant les déchets stockés mais elle favorisera un meilleur fonctionnement des reins grâce à sa pureté et à ses excellentes propriétés physiques.

L'eau, moyen de communication

Nous avons vu que les molécules d'eau construisent des complexes importants appelés *clusters.* Grâce à des phénomènes de résonance, ceux-ci permettent à l'eau d'absorber des oscillations particulières, donc des signaux provenant de son environnement, et de les mémoriser de manière durable. Les formes générées par ces oscillations (voir au chapitre 1, *Miroir et vagues*) représentent aussi des clusters ; c'est pourquoi nous pouvons appeler ces oscillations et ces signaux des *forces créatrices.* On peut dire que la structure des clusters est la « mémoire de l'eau ». Créée par la résonance, cette structure peut elle aussi communiquer les informations mémorisées par résonance, et ce aussi longtemps qu'elle existe.

Une bonne eau peut absorber les déchets et en débarrasser l'organisme.

L'homéopathie est un parfait exemple de cette capacité de mémoire et de communication de l'eau. Celle-ci absorbe les forces créatrices des remèdes homéopathiques, les mémorise puis les transmet à l'organisme.

Les clusters ne constituent pourtant qu'un des niveaux de transmission des informations. Dans notre organisme, l'eau est chargée d'une autre mission extrêmement importante, à savoir la transmission des biophotons. Pour communiquer, les cellules des tissus et des organes échangent ces signaux qu'elles émettent depuis leur noyau. Toute l'organisation du corps s'accomplit à ce niveau par l'intermédiaire des nerfs, des hormones et des méridiens. Sans la médiation de ces « photons biologiques », ces systèmes de commande seraient inopérants, un peu comme une entreprise équipée de téléphone, de télécopie et de messagerie électronique, sans que les employés ne puissent se parler. Ainsi, les biophotons sont un maillon indispensable de la vie et l'eau en est le vecteur de communication déterminant.

L'eau dans notre organisme et l'eau sur Terre

Nous avons vu que notre organisme possède différents types de liquides, notamment le liquide intracellulaire et le liquide extracellulaire, par exemple le sang, la lymphe, le liquide cérébral, les larmes, la salive ou l'urine. À l'heure actuelle, on dénombre plus de 240 liquides corporels, dont certains présentent des analogies intéressantes avec ceux de la nature.

Ainsi, dans sa structure, l'eau de mer correspond très exactement au sang humain, tout comme l'eau des ruisseaux, des fleuves et des lacs rappelle la lymphe. De même, la structure de l'eau présente dans les hautes couches de l'ionosphère* est fortement similaire à la structure physique du liquide cérébral, du point de vue des surfaces internes.

Ce sont les conclusions auxquelles sont parvenus le chercheur Linus Pauling et l'Université de Berkeley en Californie. Il existe bien des liens indissolubles entre la Terre et l'homme. Sans la Terre, l'homme n'existerait pas, mais sans l'homme celle-ci aurait un tout autre visage. L'eau, la Terre et l'homme : autant d'éléments inséparables !

L'eau, la Terre et l'homme : autant d'éléments inséparables !

* Ionosphère : une des couches de l'atmosphère, composée de gaz fortement ionisés, située à une altitude variant entre 60 et 100 km. Elle protège la vie sur Terre en filtrant les rayonnements cosmiques dangereux.

Chapitre 4

L'eau, aliment de première nécessité

L'homme, un être aquatique

L'eau est indispensable à la vie !

Aujourd'hui, tout le monde, même les enfants, sait que le corps humain est composé d'environ 80 à 90% d'eau.

Alors quelle quantité et, surtout, quelle qualité d'eau devons-nous boire ?

Un adulte pesant 70 kg devrait boire au minimum un litre et demi d'eau pure par jour : il s'agit de la quantité minimale permettant d'assurer correctement toutes les fonctions de l'organisme. Cependant, il vaudrait mieux en boire deux litres, voire plus. Il faut boire de l'eau pure, et non pas de la bière, du vin, du thé noir, du café, du jus de fruit, de la limonade, du soda ou tout autre liquide. Ce sont des boissons de plaisir qui devraient être consommées en plus des deux litres d'eau quotidiens nécessaires. Avec le café et le thé noir, boissons diurétiques*, il faut boire deux fois plus d'eau que la quantité de café ou de thé absorbée, simplement

* Diurétique : qui augmente la sécrétion urinaire (du grec *diourêtikos*, « éliminer par l'urine »).

L'eau du robinet est de plus en plus polluée.

pour compenser la perte en liquide. Pour l'alcool, il faut apporter une quantité d'eau égale. Si nous ne buvons pas assez d'eau, nous risquons de souffrir de nombreuses « maladies de civilisation ».

Beaucoup de pathologies peuvent être évitées ou atténuées, simplement en buvant de l'eau pure et de bonne qualité. De nombreuses publications scientifiques en montrent l'effet extrêmement positif sur l'organisme. Aujourd'hui, beaucoup de personnes ne savent plus faire la différence entre la faim et la soif et, comme elles boivent généralement trop peu d'eau, leur organisme est soumis à un stress quasi permanent. Lorsqu'une personne a soif et qu'elle boit par exemple de la bière, du jus de fruit ou du soda, son organisme, grâce au goût et à l'odorat, s'adapte en conséquence. L'organisme sécrète alors des enzymes, produit de l'acide gastrique, etc., comme s'il recevait des aliments qu'il doit digérer, au même titre que des glucides, des protéines, des agents de sapidité ou des composants odorants. En revanche, tout est différent si l'on boit de l'eau ; en effet, n'ayant aucune saveur ni odeur, l'eau est le seul aliment absorbé par l'organisme sans que celui-ci n'ait à stimuler ses fonctions digestives. Mais si, à chaque fois que l'organisme a soif, il reçoit autre chose qu'il doit digérer (bière, jus de pomme, soda, etc.), il cesse peu à peu d'envoyer des signaux de soif ou bien réduit leur intensité. Cela a des conséquences fâcheuses car l'organisme ne reçoit pas la quantité d'eau dont il a besoin. En conclusion, buvons chaque jour deux litres d'eau pure non gazeuse.

Rien ne doit remplacer l'eau !

Néanmoins, les eaux ne sont pas toutes équivalentes.

Nous allons expliquer plus en détail les grandes différences entre les eaux afin de définir plus précisément le concept et les propriétés d'une « bonne eau ».

L'eau du robinet polluée

Actuellement, plus aucune source d'eau n'est pure sur notre planète. Cette eau est fréquemment polluée et on connaît relativement bien, aujourd'hui, les pollutions environnementales qui la dégradent. Premiers responsables de cette situation : les pesticides, aux propriétés cancérigènes, sont employés en toute légalité en France, deuxième utilisateur mondial de ces produits. Ils sont

Droite : Certains rayonnements électromagnétiques peuvent polluer l'eau.

tellement nombreux que, depuis longtemps, les études menées sur l'eau ne prennent plus en compte l'intégralité des pollutions possibles. Les analyses officielles se contentent de rechercher des groupes de substances bien définis. Même pour une eau potable prétendument pure et rigoureusement contrôlée, ces analyses ne sont donc plus probantes. On ne trouve pas ce que l'on ne cherche pas ! Il est tout simplement devenu impossible de réaliser des recherches globales et approfondies sur l'eau.

Les hormones issues des élevages intensifs posent un problème très sérieux, complètement ignoré du grand public. L'Université de Boston a publié une étude de grande ampleur selon laquelle pratiquement aucune eau sur Terre n'est aujourd'hui exempte d'hormones, jusqu'à une profondeur d'une centaine de mètres. Cette analyse éclaire sous un nouveau jour la maturité corporelle plus précoce de nos enfants et les nombreux problèmes de société qui en découlent. Elle permet également d'expliquer le nombre grandissant de cas d'impuissance et de stérilité chez l'homme qui, aux Etats-Unis, concernent 17% de la population masculine.

Les dioxines* posent elles aussi un problème quasiment insoluble. Présentes dans les sols sous forme de substances difficilement dégradables, elles se concentrent chaque jour davantage dans les nappes phréatiques où elles représentent un danger omniprésent. Il s'agit d'un véritable scandale. Pourquoi cette pollution est-elle passée sous silence ? Pourquoi la presse ne s'en fait-elle presque jamais l'écho ? Parce qu'aujourd'hui, il n'existe aucune méthode scientifiquement reconnue qui permettrait de filtrer les hormones et les dioxines concentrées dans les nappes phréatiques et de les neutraliser. Même la technique d'osmose inversée et les filtres les plus fins ne permettent pas de les éliminer tout à fait. L'homme est donc exposé en permanence à une multitude d'hormones et de dioxines dans l'eau qu'il boit, dans l'air qu'il respire et

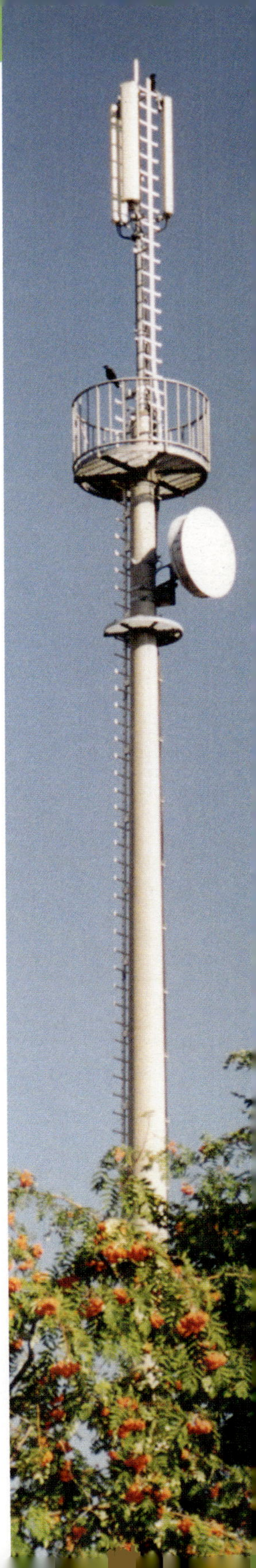

* Les dioxines sont les substances les plus cancérigènes qui puissent exister ! Sous-produits issus de la fabrication de désherbants et d'agents de préservation du bois, elles peuvent également être créées lors de l'incinération de composés chimiques chlorés. Les dioxines restent présentes durant de nombreuses années dans les sous-sols et dans les nappes phréatiques. Seuls des rayons UV pourraient accélérer leur dégradation. Dans l'organisme humain, les dioxines entraînent une destruction massive des cellules hépatiques, l'apparition d'acné chlorique (qui perdure bien souvent toute la vie !) ainsi que des malformations chez le fœtus. La valeur limite définie par les autorités sanitaires françaises s'élève à 1 pg par kilogramme de poids corporel et par jour (un picogramme = un millionième de millionième de gramme = 10^{-12} g = 0,000 000 000 001). Ce chiffre sera certainement bientôt revu à la hausse étant donné qu'un grand nombre de sources d'eau potable ne respecteront plus ce critère dans un proche avenir !

dans les aliments qu'il consomme. Les conséquences à long terme sont loin de pouvoir être évaluées ! La seule chose dont on est sûr, c'est que nous continuons encore à empoisonner allègrement l'eau que nous buvons.

À ces sources de pollution de l'eau du robinet, mesurables de manière concrète – et que nous étudierons en détail dans les chapitres 5 et 6 –, s'en ajoutent d'autres tout aussi nocives.

Premièrement, on peut citer la forte pression dans les canalisations d'eau, faisant souvent plusieurs kilomètres de long. Cette haute pression fait perdre à l'eau son caractère vivant et favorise la formation de clusters (énormes complexes de molécules d'eau), ce qui entraîne des conséquences tout à fait néfastes comme nous le verrons ultérieurement.

Deuxièmement, l'eau est aujourd'hui fortement polluée par des rayonnements électromagnétiques de différentes natures. Grâce à ses capacités de transport de l'énergie et de mémorisation des informations, l'eau absorbe les fréquences émises du haut des pylônes de radiocommunication mobile, des stations radar, des émetteurs radiophoniques et télévisuels. Présentes en grand nombre, ces installations sont réparties sur tout le territoire. L'eau absorbe également les rayonnements radio des téléphones mobiles, des innombrables micro-ondes, des antennes paraboliques et de nombreux autres appareils électriques et elle transporte toutes ces ondes nocives pour la santé. Depuis la multiplication des fréquences électromagnétiques artificielles, de nombreuses veines d'eau, auparavant saines, ont récemment développé une pollution biologique pouvant entraîner des conséquences néfastes pour la santé. Ces « bienfaits de notre civilisation » sont donc transportés par l'eau, jusque dans des régions que nous pouvions préserver. Comme nous l'avons déjà expliqué dans *L'eau comme solvant* du chapitre 2, la mémoire de l'eau est telle que les informations absorbées dans la structure des clusters peuvent diffuser de nouvelles ondes de résonance aussi longtemps que la structure de cluster persiste !

Maintenant, étudions l'eau plus en détail en allant au-delà des limites imposées jusque-là par la chimie et la physique.

À quel moment une eau est-elle bonne, « vivante » et saine ? Comment l'eau doit-elle être approvisionnée pour pouvoir vraiment être utile au monde du vivant ?

L'eau, fondement de la vie

L'eau communique des informations, des forces et de l'énergie vitale. Dans tous les organismes vivants, les processus métaboliques se fondent sur le principe des solutions colloïdales. Celles-ci consistent en un mélange de minuscules particules finement dispersées dans un liquide ; ces particules restent stables en suspension sans qu'elles puissent être dissociées par la force gravitation.

En effet, chaque particule colloïdale est entourée d'une couche d'eau dont l'épaisseur est équivalente au diamètre d'une molécule ; les particules d'une solution colloïdale sont donc presque en « apesanteur », c'est-à-dire que la force de gravitation* est compensée par des forces antagonistes.

Parmi les systèmes colloïdaux, les plus représentatifs sont le sang, la lymphe, le liquide cérébral, le liquide cérébro-spinal, le liquide cellulaire, le liquide interstitiel et la sève végétale. Nous reviendrons sur l'importance de ces systèmes dans les chapitres 6 et 7. Lorsqu'ils sont perturbés, ils entraînent divers troubles du métabolisme. Leur stabilité est directement liée, sur le plan physique, à la structure de l'eau. Il existe ainsi une relation directe entre la fonction de support et de transmission des informations de l'eau et son rôle fondamental dans les systèmes colloïdaux vitaux.

Une eau potable d'une bonne qualité chimique et physique est capable de réorganiser, de stabiliser et de dynamiser l'état colloïdal des liquides corporels. Elle contribue ainsi fortement à la guérison et au maintien en bonne santé. Mais pour que l'eau puisse jouer ce rôle, il faut qu'elle soit elle aussi dans un état colloïdal**. Pour cela, les gros clusters doivent être décomposés en structures plus petites grâce à un mouvement tourbillonnant intensif de l'eau. Ce processus permet d'augmenter la surface interne de l'eau. Cette eau active et dynamisée aide notre organisme à retrouver une nouvelle vivacité.

Condition préalable à la vie, l'eau ne guérit pas mais elle est le vecteur favorisant la guérison. Une simple analyse chimique ne permet pas de déterminer si une eau est capable de remplir cette tâche. En effet, les analyses actuelles cherchant à évaluer l'eau potable laissent sans réponse les questions du « caractère vivant »

---

* Gravitation : « pesanteur, force d'attraction » (du latin *gravis*, « lourd »).

** L'eau est aussi un colloïde : les clusters et les complexes plus importants, composés de molécules d'eau, sont dissous de manière colloïdale dans les innombrables molécules plus petites.

de l'eau, de sa propriété de transmission, de sa capacité à stabiliser les liquides corporels et à parvenir à un équilibre.

Pour juger de la qualité d'une eau et de son « caractère vivant », il faut élargir notablement les éléments d'appréciation et passer d'une analyse purement chimique à une évaluation globale dans laquelle les critères physiques et physico-organiques occupent une place prépondérante : vivacité, niveau d'énergie, surface interne ou structure de l'eau. Autrement dit, évaluer la capacité de l'eau à transmettre la vie afin qu'elle redevienne un aliment source de vie !

Si l'eau est fortement dynamisée et dotée d'une structure fine, elle peut aider l'organisme à retrouver santé et vitalité, à condition d'avoir par ailleurs une saine hygiène de vie.

Beaucoup de pathologies sont dues à une déshydratation, ce qui signifie que les cellules de l'organisme ont trop peu d'eau à leur disposition pour pouvoir mener à bien leurs tâches. De nombreuses civilisations vénéraient les sources, en particulier les « sources artésiennes »*. Si, à l'époque, ces sources étaient très appréciées, à l'heure actuelle, l'eau a été réduite à une marchandise bon marché dont nous devons redécouvrir la valeur.

Gauche : Une bonne eau aide l'organisme à retrouver dynamisme et vivacité.

Droite : L'eau, aliment source de vie.

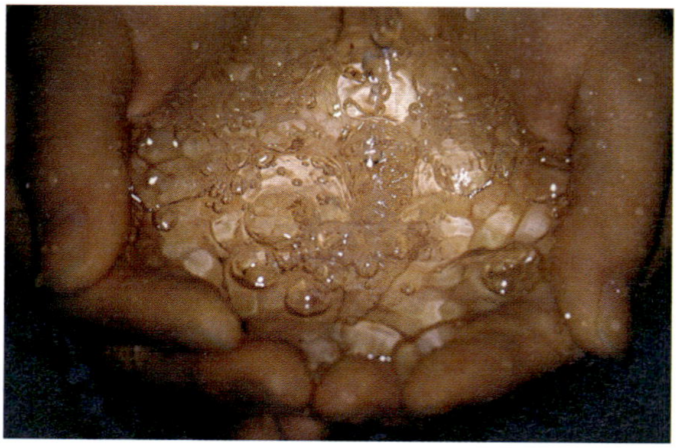

* Au sens strict du terme, les sources artésiennes jaillissent là où la nappe phréatique s'élève naturellement dans une strate montante entre des roches imperméables. En cherchant à atteindre un niveau d'équilibre comme dans un tuyau en U, l'eau jaillit par une ouverture sous sa propre pression, sans être puisée par l'intermédiaire d'une pompe. Historiquement, ce type de source a été appelé ainsi en référence à l'apparition de ces fontaines jaillissant naturellement dans la région de l'Artois. Plus tard, l'expression *source artésienne* a souvent été utilisée pour désigner toutes les sources jaillissant naturellement, dans lesquelles l'eau, arrivée à maturité et régénérée, remontait parfois depuis de grandes profondeurs sous l'effet de sa propre pression, sans intervention de l'homme.

Eau et santé

« Que ton aliment soit ton médicament et ton médicament ton aliment. »
Hippocrate, 460-377 av. J.-C.

De tous temps, l'eau des sources artésiennes, jaillissant naturellement du sol, a été convoitée comme une eau thérapeutique. Il s'agit d'une eau arrivée à maturité, fortement structurée, composée de petits clusters, très dynamique, douce, ronde et dotée de vertus médicinales. Elle jaillit d'une nappe captive très profonde dans laquelle elle s'est accumulée pendant des centaines d'années.

80% de la population mondiale n'a malheureusement pas assez d'eau à sa disposition ou a seulement accès à une eau de très mauvaise qualité. Si les pays industrialisés ne souffrent pas de ce manque d'eau, quasiment tous leurs habitants connaissent des problèmes dus à la déshydratation, voire à un manque chronique d'eau. Leur organisme ne reçoit pas assez d'eau pour pouvoir fonctionner correctement, d'où l'apparition de nombreuses maladies.

Plusieurs facteurs jouent un rôle déterminant. Le premier d'entre eux est le corps médical qui, avec le plus grand sérieux, préconise de boire seulement un litre et demi *de liquide* par jour (pas de l'eau mais n'importe quel type de boisson). Il décrit les divers symptômes liés au manque d'eau comme des maladies à part entière, pour lesquelles on ne peut rien faire d'autre que d'avaler des médicaments chimiques. Il passe sous silence le fait qu'une plus grande consommation d'eau faciliterait la guérison, en associant cette consommation à une alimentation saine, à une activité physique en plein air ainsi qu'à une désacidification et une désintoxication continuelles et suffisantes. En vérité, cette prise de position du corps médical est assez dommageable, d'autant plus que la plupart des gens ne parviennent même pas à boire le litre et demi recommandé dans la journée.

Par ailleurs, la science et la médecine ne connaissent pas les qualités d'une eau bonne et saine, c'est pourquoi elles confondent généralement *liquide* et *eau*. De nombreux scientifiques considèrent qu'un jus de fruit, certes composé essentiellement d'eau, est aussi bienfaisant que de l'eau pure. Erreur fâcheuse ! Pour digérer le jus de fruit ou la limonade, contenant sucre et acides, puis les éliminer, notre corps a besoin d'encore plus d'eau ! C'est pourquoi la plupart des boissons ne devraient pas être prises en compte dans le bilan hydrique de l'organisme parce qu'elles contribuent, au contraire, à le rendre négatif. Ce bilan est encore plus mauvais s'il y a eu consommation de café, de thé noir, de boissons contenant de la caféine et de boissons alcoolisées. Tous ces liquides éliminent une grande quantité d'eau active et agissent comme des diurétiques. Même le lait ou le potage salé n'apportent pas seulement de l'eau à l'organisme et selon le principe, toujours valable et déjà énoncé, ils ne doivent pas remplacer l'eau !

Autres facteurs essentiels du manque chronique d'eau dans l'organisme, les produits de décomposition, les rayonnements électromagnétiques, les effluents gazeux, les poisons dans l'alimentation, les conservateurs, les colorants, les exhausteurs de goût, les arômes artificiels, les additifs alimentaires ou les médicaments doivent chaque jour être éliminés de l'organisme. Il ne faut pas sous-estimer non plus l'importance de la transpiration accrue, du climat, des saisons, des conditions de logement, de l'air asséché par le chauffage, etc.

Naturellement, l'alimentation est un facteur décisif dans l'approvisionnement en eau de l'organisme. La teneur en eau des différents aliments ainsi que la quantité d'eau pour les digérer varient considérablement d'un aliment à l'autre. À titre d'exemple, le pain est très sec et, pour le digérer correctement, l'organisme doit d'abord l'imbiber entièrement de sucs digestifs. Les fruits frais, les légumes crus et les jeunes pousses possèdent la plus forte teneur en eau. Mais il s'agit de mets de choix uniquement pour les personnes qui souhaitent rester minces. Celles qui en consomment beaucoup et réduisent par ailleurs les aliments classiques tels que viande, charcuterie, pain, produits à base de farine blanche, sucreries, café et alcool, n'ont pas forcément besoin de boire plus de deux litres d'eau par jour. En revanche, les personnes qui optent pour un petit-déjeuner à base de café et de pain, mangent à midi de la viande et des plats réchauffés au micro-ondes, enchaînent l'après-midi par un café et une pâtisserie et, enfin, dînent avec un sandwich accompagné de bière en grignotant des aliments salés et des sucreries, ceux-là ne boivent certainement pas assez pour rester en bonne santé. Dans leur cas, deux litres d'eau par jour sont largement insuffisants.

Sel cristallin naturel
et sel gemme

Qualité du sel dans l'alimentation

Dans notre alimentation, la quantité et la qualité du sel revêtent une grande importance. Comme l'eau, il existe des qualités de sel différentes ! Présent dans la nature sous forme de sel cristallin non raffiné, de sel gemme ou de sel de mer, il contient une série d'oligoéléments absents du sel de cuisine raffiné que l'on trouve habituellement dans le commerce. En effet, le sel naturel est bien plus que du chlorure de sodium. Il s'agit d'une combinaison équilibrée d'éléments auxquels notre organisme s'est adapté. Si nous consommons uniquement du sel de cuisine raffiné, nous serons bientôt carencés en soufre, en magnésium, en calcium, en potassium et en trente autres oligoéléments présents dans le sel cristallin, le sel gemme ou le sel marin non raffinés. Pour cette raison, nous ressentons fortement le besoin de consommer davantage de sel et, par conséquent, si nous utilisons un sel « vide » de toute substance, nous entrons dans un cercle infernal.

Pour digérer et éliminer tout ce sel, nous devons boire énormément d'eau afin de ne pas perturber l'équilibre de notre organisme. Normalement, les reins éliminent environ cinq grammes de sel de cuisine par jour ; toutefois, les habitants des pays industrialisés en consomment en moyenne quinze à vingt grammes dans leur alimentation, le plus souvent indirectement dans le fromage, la charcuterie, le poisson, les aliments saumurés et les conserves. Non seulement la carence en minéraux est aggravée par le sel « raffiné » mais l'organisme doit se débarrasser de l'excès de chlorure de sodium, unique composant de ce produit industriel nocif.

Chez les individus qui absorbent une quantité d'eau insuffisante, l'organisme utilise cet excédent de chlorure de sodium pour retenir l'eau autant que possible. Il stocke le sel dans ses tissus et prélève plus d'eau dans l'intestin qu'il ne devrait. Parfois, il absorbe même de l'eau lorsqu'on se baigne. Cette compensation permet certes d'éviter le pire mais cela ne devrait pas pour autant nous inciter à penser que l'organisme peut régler le problème du manque d'eau par lui-même. Même lorsque tout se passe bien, le corps ne peut supporter indéfiniment cette situation d'urgence et, si on ne lui apporte pas rapidement une quantité d'eau suffisante, des pathologies plus graves deviennent alors inévitables.

Tous les sels non raffinés de haute qualité sont constitués à 98% de chlorure de sodium et à 2% d'autres minéraux, et cette infime quantité suffit à notre équilibre. De plus, sa qualité est essentiellement déterminée par l'eau cristalline qu'il contient. Le sel est toujours hygroscopique, c'est-à-dire qu'il absorbe l'eau dans l'air environnant pour former un réseau cristallin. Dans un dôme de sel, l'eau, seulement retenue par une liaison faible, effectue continuellement des échanges. C'est pourquoi il est incorrect de dire qu'un sel cristallin vieux de 250 millions d'années, extrait de l'Himalaya, est pur et non pollué. Si le sel lui-même est ancien, l'eau cristalline qui le constitue est souvent aussi polluée que n'importe quelle eau jaillissant aujourd'hui sur notre planète, du fait des échanges permanents avec son environnement.

Si l'on souhaite aujourd'hui consommer un sel sain, salutaire pour l'équilibre hydrique de l'organisme et profitable à ses fonctions vitales, il vaut mieux choisir un sel gemme non raffiné ou un sel cristallin qui provient de gisements originels. S'il est dissous

Gauche: Sel gemme du Salt Range, chaîne montagneuse située au centre du Pakistan. C'est d'ici que provient le prétendu « sel cristallin de l'Himalaya ». En réalité, le Salt Range se trouve à plusieurs centaines de kilomètres au sud de la chaîne himalayenne.

Droite: Sel cristallin provenant du Salt Range, chaîne montagneuse située au centre du Pakistan.

dans une eau ayant d'excellentes qualités physiques et chimiques, il a les vertus d'un aliment vital, purifiant l'organisme et fortifiant la santé

En ce qui concerne l'eau, il est important de savoir que sa qualité interagit directement avec celle du sel, en raison de l'étroite relation existant entre ces deux éléments. Un mauvais sel dévalorise l'eau, aussi bonne soit-elle, et la rend inutilisable pour notre organisme. Inversement, une eau de mauvaise qualité rend un sel excellent difficilement assimilable. Comme l'eau et le sel figurent parmi les substances indispensables à notre corps, nous devrions leur accorder davantage d'importance tant au niveau de la qualité que de la quantité consommée.

À quoi reconnaît-on le manque d'eau ?

Souvent, la soif n'est plus un signal fiable du manque d'eau, notamment à cause de la consommation prolongée de « fausses » boissons. Lorsqu'elle survient, elle indique toujours un urgent besoin de boire et n'apparaît malheureusement plus en cas de manque d'eau chronique. Nous devons donc veiller sur notre santé en étant davantage attentif à tous les signaux qu'émet notre organisme.

1. Couleur de l'urine : c'est à la couleur de l'urine que l'on détecte le plus nettement le manque d'eau. Normalement, elle doit être presque incolore et inodore. Plus elle est jaune, plus le corps est déshydraté et plus les reins doivent travailler. Dans ce cas, il faut boire de l'eau encore et encore !

2. Soif pendant le repas : le corps a besoin d'eau pour pouvoir digérer les aliments et déclenche la sensation de soif s'il ne dispose d'aucune réserve. Mais si l'on boit pendant le repas, il est trop tard car cela dilue les sucs digestifs et perturbe la digestion. C'est pourquoi il vaut mieux boire beaucoup d'eau une demi-heure avant le repas et le moins possible pendant celui-ci !

3. Constipation : lorsque le corps souffre du manque d'eau, les selles sont dures et sèches. Boire abondamment les liquéfie et les amollit.

4. Vertiges : le manque d'eau dans le cerveau peut provoquer de légers vertiges, par exemple en montant les escaliers, en se baissant, en se levant, etc. L'eau permet de redynamiser la circulation sanguine, bien plus efficacement que des comprimés chimiques de l'industrie pharmaceutique.

5. Rétention d'eau dans les jambes : il peut sembler paradoxal que la rétention d'eau dans les jambes, dans les bras et dans d'autres parties du corps soit un signe de manque d'eau. Pourtant, cela signifie effectivement que l'organisme est déshydraté et comporte trop de sel et de toxines dans les tissus. Pour les diluer, il accumule de l'eau. Il faut donc boire de l'eau et désintoxiquer son corps afin de lui redonner la possibilité d'éliminer une plus grande quantité de sel et de toxines. La rétention d'eau disparaîtra naturellement mais il convient également de diminuer la quantité de sel, de le consommer non raffiné et de modifier son régime alimentaire.

Boissons positives et boissons négatives

Qu'entend-on par *boissons positives* et *boissons négatives* ? Cette qualification détermine, en fait, la variation qu'elles entraînent sur le bilan hydrique de l'organisme. Les boissons positives apportent à l'organisme de l'eau qu'il peut utiliser tandis que les boissons négatives font consommer plus d'eau qu'elles n'en apportent, pouvant occasionner un manque. En ce qui concerne les *boissons neutres*, elles n'entraînent aucun changement sur le bilan hydrique, l'apport et la consommation d'eau liée à la digestion de ces boissons étant égaux.

Seule l'eau, sans gaz carbonique, entraîne un bilan hydrique positif.

Parmi *les boissons neutres*, citons les infusions fruitées, les tisanes (en dehors de celles ayant une action diurétique, comme l'ortie) et certains jus de fruit.

Parmi les boissons négatives, citons le café, le thé noir, les boissons à base de cola, l'alcool, la limonade, le thé vert et les tisanes diurétiques.

Seule l'eau, sans gaz carbonique, est considérée comme une boisson positive.

Compensation du manque d'eau

En toute logique, les personnes buvant uniquement de la limonade, de la bière et du café devraient se déshydrater complètement en l'espace de quelques mois. Heureusement, l'organisme possède la capacité de compenser notre « mauvaise gestion ». Par exemple, pour éliminer un litre de café, il devrait en théorie utiliser deux litres d'eau. S'il les a en réserve, il peut alors facilement éliminer le café. En revanche, s'il manque d'eau, le processus d'élimination se complique et oblige les reins à travailler. L'organisme réagit de la manière suivante :

1. Il cherche à « économiser » de l'eau tandis que le café l'oblige à en éliminer : cela entraîne un conflit dans les reins qui, fortement sollicités, s'efforcent d'éliminer le maximum de liquide en utilisant le moins d'eau possible. Ils peuvent devenir douloureux s'ils étaient déjà surchargés, par exemple par des sédatifs, des conflits psychologiques (organe associé !), etc.

2. L'organisme s'efforce de lier les différents composants du café, principalement les acides qui le composent. Ne pouvant les diluer en raison du manque d'eau, il n'a d'autre choix que de les stocker comme déchets insolubles dans le tissu conjonctif pour soulager les reins provisoirement. Sur le long terme, cet engorgement du tissu conjonctif provoque de nombreux troubles, que nous détaillerons plus loin.

3. Afin d'équilibrer le bilan hydrique, le corps retire le plus d'eau possible des nutriments au niveau du gros intestin. Ce faisant, il absorbe des substances nutritives dont il n'a pas réellement besoin. Il risque, de plus, de réabsorber des toxines déjà éliminées ou des produits de décomposition apparaissant dans l'intestin. Il est donc menacé par un auto-empoisonnement, aggravé par le manque d'eau.

4. Pour retenir l'eau, le corps limite la sécrétion de sueur, au risque de provoquer des surchauffes locales. Sinon, il ralentit la circulation sanguine, entraînant une sensation de faiblesse et de lassitude. Dans ce cas, on n'a pas forcément envie de pratiquer une activité physique pour transpirer. Or, sans transpiration, l'organisme perd une possibilité de se désintoxiquer. La peau est alors de plus en plus sollicitée, entraînant de sérieuses conséquences.

5. Lorsque tous ces mécanismes de compensation du manque d'eau échappent au contrôle de l'organisme, celui-ci présente des troubles de fonctionnement et peut développer une ou plusieurs pathologies, détaillées plus loin. Dans ce cas, le corps a besoin d'eau de toute urgence.

Comme tous les aliments contiennent de l'eau, le corps peut réguler sur le long terme un manque d'eau persistant. Cependant, même si l'on ne se déshydrate pas très vite, on court le danger, sur ce long terme, de voir apparaître différents troubles.

Pathologies liées au manque d'eau

Beaucoup de maladies, en particulier nos fameuses « maladies de civilisation », sont favorisées par le manque d'eau. Cela ne veut pas dire qu'une quantité insuffisante d'eau soit la seule cause de leur apparition. Elles sont plus souvent dues aux nombreuses sollicitations que l'organisme ne peut plus compenser ni supporter et qui finissent par provoquer des troubles. Mais le manque d'eau est largement sous-estimé dans les thérapies mises en place et de nombreuses tentatives de guérison sont bloquées et échouent. Dans les pages suivantes, nous donnons un aperçu des pathologies dans lesquelles le manque d'eau joue généralement un rôle déterminant.

Maladies de civilisation

L'acidification et la surcharge de notre organisme, avec des substances perturbant le métabolisme et qui ne peuvent plus être éliminées, constituent les principales menaces qui pèsent sur notre santé aujourd'hui. Additifs alimentaires – agents de sapidité, colorants, acidifiants, conservateurs et exhausteurs de goût – médicaments, pesticides, polluants domestiques, effluents gazeux, produits de lavage, produits cosmétiques et leurs résidus dégradent bien plus notre organisme que nous ne voulons l'admettre. Bien souvent, ce ne sont pas les substances elles-mêmes qui sont nocives mais leurs produits de dégradation et leurs produits secondaires. Si le corps ne parvient pas à se débarrasser totalement de ces substances étrangères, ou s'il y arrive seulement en partie, il les stocke temporairement dans le tissu conjonctif ou le tissu adipeux. Là, elles ne causent tout d'abord que des dégâts mineurs mais, au fil du temps, elles perturbent de plus en plus le métabolisme jusqu'à l'entraver. Le manque d'eau contribue à aggraver ce problème.

La première mesure à prendre, sous-jacente à toutes les autres, est de boire suffisamment. Si nous essayons de désintoxiquer notre organisme à l'aide de diètes, de régimes amaigrissants ou de médicaments, nous entretenons le phénomène tant que le manque d'eau perdure. Certes, les toxines sont déplacées hors des tissus mais elles ne peuvent toujours pas être éliminées. Au contraire, elles se répandent dans tout le corps et les individus sont alors atteints d'affections bénignes, comme des haut-le-cœur ou des migraines, avec une impression de « gueule de bois ». Plus grave, à long terme ils peuvent souffrir de troubles du métabolisme qui dérèglent tous leurs organes. Ces perturbations peuvent persister pendant des mois, voire des années. Une eau de grande qualité est absolument indispensable pour désacidifier et désintoxiquer notre organisme.

Maux d'estomac

Habituellement, on entend par *maux d'estomac* une production excessive d'acide gastrique. En cas de crise, cela provoque des brûlures d'estomac et, en cas de chronicité, un ulcère où des bactéries colonisent la muqueuse gastrique altérée par l'acide et s'y multiplient. Ce tableau clinique est quelque peu simplifié car la production excessive d'acide n'est pas toujours avérée. Cela est vrai dans certains cas mais, bien souvent, les maux d'estomac ne sont pas liés à la quantité d'acide mais plutôt au fait que celui-ci n'est plus neutralisé. Comme son nom l'indique, la muqueuse est recouverte d'une couche de mucus dont les cellules forment une barrière contre le puissant acide chlorhydrique et les enzymes digestives. Ce mucus est essentiellement composé d'eau et de bicarbonate basique, identique à celui nous avalons sous forme de comprimé effervescent pour soulager nos brûlures d'estomac. Ce dernier produit donc son propre antiacide* qui forme des liaisons avec l'acide gastrique. L'antiacide neutralise l'acide gastrique afin de protéger le corps et éviter que celui-ci ne s'auto-digère. En cas de manque d'eau, qui s'accompagne presque toujours d'une acidification générale de l'organisme, l'estomac ne peut plus fabriquer

* Antiacide : substance freinant l'acidité ou liant les acides (du grec anti-, « en face de, contre, opposé » et du latin *acidus*, « acide »).

de mucus en quantité suffisante. La situation s'aggrave si la production d'acide gastrique est stimulée par des boissons tel que le vin, la bière, les jus de fruit et les limonades. L'eau pure étant la seule à ne pas déclencher de processus de digestion, le principe déjà évoqué s'applique là encore : il ne faut boire que de l'eau, à l'exception des infusions salutaires, qui doivent alors être considérées comme des remèdes.

Troubles du transit

20% des Français souffrent de constipation chronique. Le moyen le plus simple et le plus naturel d'y remédier est de boire une grande quantité d'eau pour diluer les matières trop dures et trop sèches. En cas de manque d'eau, l'organisme est contraint d'utiliser ses dernières réserves pour maintenir les fonctions vitales en récupérant l'eau dans les régions inférieures de l'intestin. Mais cette réabsorption entraîne, de manière pernicieuse, le retour dans l'organisme d'une grande quantité de toxines qui étaient sur le point d'être éliminées. Pour « recycler » l'eau de l'intestin, le corps doit, dans un premier temps, retenir les selles plus longtemps. Dans un deuxième temps, il n'est plus en mesure d'assurer le bon déroulement de la digestion et du transit intestinal qui est ralenti. Les selles commencent à fermenter et à se putréfier. Des gaz se forment, causant des flatulences. Suite à la paresse intestinale apparaît la constipation, pouvant provoquer des hémorroïdes. La médecine allopathique traite tous ces symptômes par des laxatifs, naturels dans le meilleur des cas mais le plus souvent chimiques.

Quelle est l'action d'un laxatif ? Les préparations chimiques incitent les cellules intestinales à garder davantage d'eau dans l'intestin. L'organisme est donc obligé de faire exactement le contraire de ce qu'il voulait. Des préparations phytopharmaceutiques, composées de fibres végétales, sont capables de gonfler en absorbant de l'eau et stimulent ainsi le péristaltisme intestinal. Les fibres – graines de lin, par exemple – absorbent une grande quantité d'eau. Dans ce cas, l'eau utilisée par les fibres n'est plus disponible pour amollir et fluidifier les selles qui deviennent encore plus sèches. Par conséquent, buvez beaucoup si vous souffrez de troubles du transit.

Hypertension artérielle

L'hypertension artérielle touche environ 10 millions de Français. Bien souvent, elle est le signe incontestable d'un manque d'eau dans l'organisme. Dans le système circulatoire, la quantité de sang varie en permanence. L'absorption de nourriture, la digestion, l'activité physique ou intellectuelle, la température extérieure et de nombreux autres facteurs contribuent à modifier la quantité d'eau dans le sang ainsi que celle des substances qui y sont dissoutes.

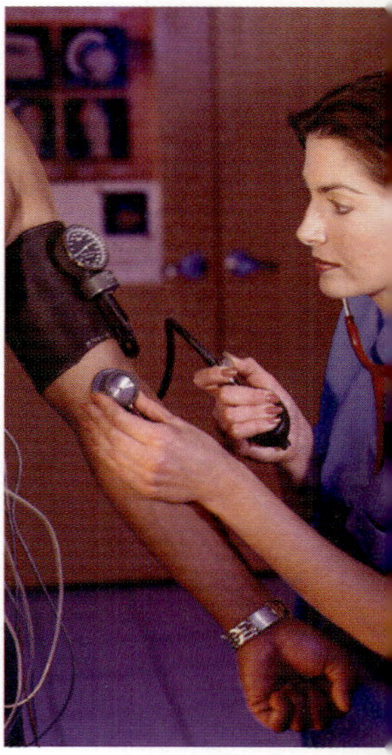

Dix millions de Français environ souffrent d'hypertension artérielle.

Les substances et les molécules assimilables des nutriments franchissent la paroi intestinale pour passer dans le sang. Celui-ci devient alors plus visqueux et ses propriétés de dissolution et d'écoulement se modifient. Le sel présent dans l'alimentation crée des liaisons avec l'eau et augmente ainsi la quantité globale d'eau, à la fois dans les tissus et dans le sang.

La quantité de sang peut également varier en cas d'activité physique intense. Dans ce cas, les muscles sont de gros consommateurs de sang, faisant chuter la quantité disponible dans les vaisseaux. Pendant les jours chauds de l'été, beaucoup de sang est amené sous l'épiderme afin de le rafraîchir. La transpiration, inéluctable avec ces températures, provoque une évaporation de l'eau, induisant également une diminution de la quantité d'eau et donc du volume sanguin.

L'organisme doit s'adapter en permanence à chacune de ces circonstances afin qu'aucune différence de pression ne survienne ni qu'aucune petite bulle d'air n'apparaisse dans le sang. Pour cela, l'organisme modifie le volume des vaisseaux sanguins. Les veines, par exemple, sont entourées d'une gaine musculaire capable de se contracter ou de se dilater sous l'action de diverses hormones.

La déshydratation du corps pendant une longue période provoque un épaississement, une diminution de la quantité de sang ainsi que le resserrement des vaisseaux. De manière schématique, pour que le sang visqueux puisse s'écouler dans les veines rétrécies, le cœur doit pomper de manière plus puissante et augmenter durablement la pression artérielle. Bien entendu, le cœur ne peut supporter longtemps cet effort et risque de développer des maladies cardiovasculaires.

Nous devons assumer la responsabilité de notre santé et de notre bien-être.

Maladies cardiovasculaires

Avec 180 000 décès par an, les maladies cardiovasculaires sont la troisième cause de décès prématuré avant 65 ans. Cependant, la médecine ne connaît toujours pas les relations entre les pathologies cardiaques. Elle ne sait pas, par exemple, à quoi est due l'hypertension artérielle. Cela signifie qu'elle part en guerre contre des symptômes au détriment de l'ensemble de l'organisme. Dans le rapport médical, le praticien inscrit « hypertonie essentielle ». Il s'agit dans le fond d'un mot fourre-tout vide de sens ! *Essentiel* signifie « fondamental, indispensable » et, en biologie, il prend également le sens de « vital ». En médecine, le terme *essentiel* veut dire au contraire : « il s'agit du tableau clinique caractéristique d'une maladie sans cause connue ». Ne connaissant pas l'origine du tableau clinique décrit plus haut, la médecine n'a d'autre choix que de soigner les symptômes tant bien que mal.

Les choses sont pourtant simples et logiques : si l'organisme augmente la tension artérielle, c'est pour survivre. Ici, le mot *essentiel* fait surtout référence à l'eau et éventuellement à un apport en sel équilibré. Chez la plupart des hypertendus, l'eau serait la meilleure thérapie, qu'il faudrait associer à une diminution graduelle du stress, à une alimentation plus saine, à une activité physique, etc. Or, que fait la médecine ? Elle retire encore plus d'eau de l'organisme et freine l'activité cardiaque par des moyens chimiques. N'hésitant pas à contrarier l'organisme, elle fait exactement l'inverse de ce que dicte le bon sens. Dans ces circonstances, les pathologies cardiaques ne se font pas attendre longtemps !

Il faut toutefois préciser que certaines maladies cardiaques ne sont pas dues au manque d'eau et, si l'on est concerné par ces maladies ou par celles évoquées dans ces pages, il reste donc tout à fait judicieux d'aller consulter un médecin.

Artériosclérose

Autre source d'ennuis de santé : l'artériosclérose. Du fait de l'épaississement du sang, des excédents de protéines et des toxines qui ne peuvent plus être maintenues en solution, de nombreuses substances se déposent sur les parois internes des vaisseaux sanguins. Parmi ces substances, on peut noter la présence de minéraux inorganiques, dont le calcaire (abordé plus en détail au chapitre 6, *Minéraux*). Le « mauvais » cholestérol joue ici un rôle prépondérant, généralement admis par le corps médical. L'organisme le produit en grande partie pour maintenir le sang toujours fluide malgré le manque d'eau et pour réparer les parois défectueuses des vaisseaux sanguins.

Le cholestérol déposé sur les parois des vaisseaux est chargé de deux tâches très importantes.

D'une part, il aide à réduire la perméabilité des parois des vaisseaux en empêchant le tissu conjonctif, riche en sel, d'attirer plus d'eau. Cela permet ainsi de maintenir une quantité suffisante d'eau dans le sang. Cette imperméabilité des vaisseaux détériore l'approvisionnement des tissus en nutriments ainsi que l'élimination des toxines. Lorsqu'il s'agit de survie pure et simple, l'organisme privilégie la qualité du sang par rapport à celle des tissus conjonctifs.

D'autre part, le cholestérol a un effet stabilisant sur la structure des parois cellulaires. Une fois déposées, les molécules de cholestérol gênent quelque peu la mobilité de la paroi. Mais elles lui permettent au moins de se maintenir en bon état lorsque la consistance des vaisseaux est perturbée par le manque d'eau et les toxines ou lorsqu'ils deviennent perméables ou se fissurent. Le cholestérol est donc un facteur de réparation très important pour l'organisme.

Insuffisance respiratoire

À l'heure actuelle, la médecine néglige le rôle du bilan hydrique dans l'insuffisance respiratoire. Si un manque d'eau général a conduit à un engorgement des tissus, à une atteinte de l'intestin (voir ci-dessus) et des reins (voir ci-dessous), l'organisme doit, pour éliminer les toxines, utiliser l'ensemble des « sorties de secours » qui se trouvent dans la peau et les muqueuses. On les désigne également par l'expression « reins de secours ». Un aphorisme de la médecine chinoise l'exprime sans ambiguïté :

« Ce que les reins n'éliminent pas, l'intestin l'évacue.
Ce que l'intestin n'élimine pas, la peau l'évacue.
Ce que la peau n'élimine pas, cela nous tue. »

En cas de manque d'eau, l'élimination par les reins et l'intestin ralentit. La peau et les muqueuses sont alors plus sollicitées et donc plus vulnérables aux infections. Les voies respiratoires sont elles aussi mises en danger car, dans les cas extrêmes, l'organisme diminue le diamètre des vaisseaux bronchiques afin de réduire l'évaporation d'eau dans les poumons. Ainsi, l'individu ne peut ni respirer profondément ni pratiquer de sport mais cela convient à l'organisme qui perdrait encore plus d'eau. Par ailleurs, les poumons et les voies aériennes secrètent un mucus riche en sel, premièrement pour éliminer l'excédent de sel et, deuxièmement, pour absorber l'humidité contenue dans l'air. Les poumons et les muqueuses sont ainsi humidifiés correctement, ce qui préserve les réserves d'eau de l'estomac. À cause du manque d'eau, tout l'appareil respiratoire devient fragile et sensible à des agents pathogènes relativement bénins.

Migraines

On estime que six à sept millions de Français souffrent de migraines et de maux de tête. Outre les multiples causes et les nombreux déclencheurs, ces pathologies sont souvent liées au manque d'eau. Lors des crises migraineuses, l'organisme diminue le diamètre des vaisseaux sanguins du cerveau ; ce rétrécissement est lié au métabolisme ou à des causes neurologiques. Il peut également être favorisé par le rationnement en eau généralisé, très néfaste pour l'irrigation sanguine du cerveau. Comme celui-ci est l'organe le plus irrigué et de loin le plus riche en eau (sa proportion en eau dépasse les 90% !), il souffre particulièrement du manque d'eau et des mesures d'économies prises par l'organisme. Pour ce dernier, il est vraiment difficile, d'une part, de rétrécir les vaisseaux pour s'adapter au manque d'eau général et à la quantité insuffisante de sang et, d'autre part, d'irriguer encore suffisamment l'organe le plus important, le cerveau. Dans une telle situation, les stimuli et les sollicitations qui, habituellement, peuvent être compensés, se transforment beaucoup plus rapidement en troubles douloureux.

L'ensemble des mécanismes d'adaptation de l'organisme à une déshydratation prolongée est un exercice d'équilibre très délicat. Notre corps est un système complexe fait de structures et de fonctions liées les unes aux autres, où un changement, aussi minime soit-il, sur l'un de ses constituants entraîne immédiatement une réaction chez tous les autres.

Lorsque les conditions s'aggravent, le corps va même jusqu'à sacrifier des parties « moins importantes » de lui-même, afin d'assurer la survie des organes les plus vitaux. Il s'agit là d'une particularité tout à fait remarquable des organismes vivants qui restent viables alors que certains de leurs constituants ne fonctionnent plus.

Contrairement aux hommes, les femmes peuvent éliminer des acides et des toxines lors des règles. Peu de temps avant les menstruations, la concentration en acides et en toxines est très élevée et peut entraîner une multiplication des migraines. Là encore, il faut boire abondamment chaque jour afin que l'organisme ne souffre pas.

Insuffisance rénale

Lorsque le sang ne contient pas assez d'eau, les reins doivent travailler davantage afin de le purifier. Ils le filtrent plusieurs fois par jour, en retirent toxines et poisons qu'ils éliminent par l'urine. Mais plus le sang contient de toxiques, plus l'organisme peine à s'en débarrasser car, avec moins d'eau à sa disposition, il ne peut pas créer beaucoup d'urine. En cas de manque d'eau, les reins fonctionnent mieux lorsque le sang arrive avec une pression plus élevée, ce qui constitue une autre cause d'hypertension artérielle. Dans ce cas aussi, boire plus d'eau est un remède efficace !

Maux de dos et douleurs articulaires

80% des Français ont mal au dos. Comme tous les constituants de notre organisme, les cartilages ont eux aussi besoin d'un apport en eau suffisant. Recouvrant les extrémités des os qui s'emboîtent au niveau des articulations, les cartilages constituent des tissus tampons riches en eau. Ces tissus très souples amortissent les chocs et favorisent le glissement des surfaces articulaires en limitant les frottements.

Les cartilages ne sont pas directement irrigués. Ils ne possèdent aucune ramification directe avec l'appareil circulatoire qui apporte nutriments et oxygène. Ils sont alimentés par le liquide synovial et par diffusion des os irrigués.

En cas de manque d'eau, les cartilages commencent à se durcir et à s'encrasser. L'articulation devient moins mobile et, en cas de déshydratation progressive, des petites lésions qui ne cicatrisent pas correctement apparaissent dans la couche cartilagineuse. Peu

Les disques intervertébraux ont besoin de mouvement pour absorber suffisamment d'eau.

de temps après, les articulations s'ankylosent et sont douloureuses. S'il n'est pas le seul facteur d'apparition des douleurs articulaires, le manque d'eau les favorise certainement.

Si l'on choisit de moins bouger, le mal empire car les articulations ont besoin de mouvement. Si les cartilages restent sollicités, l'eau en est extraite puis de nouveau absorbée, comme dans une éponge, ce qui améliore leur hydratation.

Cela vaut également pour les disques intervertébraux. Eux aussi durcissent et se raidissent lorsqu'ils manquent d'eau et de mouvements adéquats. En ce qui concerne la colonne vertébrale, intervient un facteur psychologique décisif. À cause de peurs inconscientes et de traumatismes psychiques, il y a chez chacun d'entre nous différentes régions de la colonne vertébrale où les muscles et les tendons sont inconsciemment plus ou moins tendus. Même si l'on est très sportif, ces mauvaises tensions peuvent entraîner des contractions qui gênent le nettoyage et l'hydratation des disques de la région concernée. Des activités spécifiques, telles que le *qi gong* ou le *tai chi chuan*, et surtout des exercices de relaxation sont fortement recommandés.

Douleurs oculaires

Les globes oculaires sont aussi concernés par le rétrécissement des vaisseaux sanguins. Ils subissent les conséquences de l'hypertension artérielle et des efforts de l'organisme pour pomper le sang peu abondant et visqueux. Les liens entre les nerfs, les contractions des muscles oculaires et le bilan hydrique des yeux forment un ensemble très complexe où le manque d'eau est très néfaste. On a observé qu'en buvant beaucoup d'eau de qualité, de nombreux troubles oculaires s'améliorent nettement.

Il existe également un rapport indirect entre la cataracte et le manque d'eau. Cette maladie consiste en une opacification du cristallin provoquée par un engorgement et un dessèchement de l'œil. La masse gélatineuse de celui-ci est essentiellement composée d'une protéine dissoute dans l'eau. Si l'œil est trop sec, suite à une déshydratation du corps, la protéine forme un précipité dans la solution, entraînant l'opacification du cristallin. L'état colloïdal de la gelée se coagule, signe d'une perturbation (voir les chapitres 6 et 7). La qualité de l'eau joue ici un rôle primordial.

Nettoyage, dépollution, désintoxication

Dans notre vie quotidienne, nous trouvons tout naturel d'utiliser de l'eau comme produit nettoyant, pour laver, rincer, se doucher et se baigner. Mais qu'en est-il du nettoyage interne de notre corps? Peu de gens utilisent pour cela de l'eau pure. La grande majorité boit autre chose. Mais quel est le pouvoir nettoyant de ces boissons? Qui aurait l'idée de laver ses vêtements avec du soda ou de rincer sa vaisselle avec du jus de pomme? Ce sont pourtant ces procédés que nous imposons chaque jour à notre organisme.

Pourquoi est-ce si important de boire de l'eau pure? Parce qu'elle sert de produit nettoyant à notre organisme.

Observons une pomme et un verre d'eau. Quelques différences fondamentales les distinguent:

- la pomme possède une forme spécifique;

l'eau est informe et épouse la forme du récipient;

- la pomme possède une couleur;

l'eau est incolore et transparente;

- la pomme possède une odeur et un goût;

l'eau est inodore et insipide.

Par son aspect et l'odeur qu'elle dégage, la pomme nous fournit une foule d'informations. Que se passe-t-il lorsque nous nous représentons mentalement en train de mordre dans une belle pomme juteuse? L'eau nous vient à la bouche, les glandes salivaires se mettent à sécréter, l'estomac commence à gargouiller – les sucs digestifs sont stimulés – et, par ses borborygmes, l'intestin montre que le péristaltisme se met en marche. En bref, le système digestif se prépare à absorber un aliment et à travailler pour l'assimiler. Tout cela se déclenche sur une information, sur une représentation

Une pomme croquante fait venir l'eau à la bouche rien qu'en la regardant ou en imaginant que l'on mord dedans à pleines dents.

Un verre d'eau a une action neutre sur l'organisme.

mentale ou sur l'observation d'une photographie, sans avoir rien ingéré concrètement.

Il ne se passe rien de semblable si nous nous imaginons en train de boire un verre d'eau. Incolore, inodore et insipide, l'eau est idéale pour transmettre des substances et des informations. C'est pour cette raison qu'il est si important de boire de l'eau pure. Pour obtenir un nettoyage efficace de notre organisme, il faut en boire une quantité qui varie selon nos habitudes alimentaires, notre activité physique, la température extérieure, le stress et beaucoup d'autres facteurs.

Le problème de la soif

« Comment ! Deux litres d'eau par jour ? Mais je n'y arriverai jamais. Je n'ai jamais soif ! » Telle est, à quelques variantes près, la réaction de nombreuses personnes lorsqu'on leur recommande de boire de l'eau. Chez elles, la sensation de soif s'est amoindrie au fil des années. Pourquoi ?

Composant du diencéphale, le thalamus sert de relais aux voies sensorielles et est également impliqué dans la sensation de soif. Celle-ci survient lorsque le corps souffre d'un manque d'eau. Nous avons déjà vu que, pour satisfaire cette sensation, beaucoup de gens boivent autre chose que de l'eau, ce qui stimule immédiatement la fonction digestive. Mais le corps, lui, réclame de l'eau et reçoit finalement autre chose, il en redemande à nouveau mais ne la reçoit toujours pas… Après quelque temps, l'organisme cesse d'émettre le signal de la soif, visiblement inutile. Les personnes concernées ont de moins en moins soif et mettent le doigt dans un cercle infernal car leur organisme recevra encore moins d'eau.

Toutefois, lorsqu'on recommence à boire de l'eau, on retrouve une sensation de soif naturelle et une bouche sèche, signe de soif et de manque d'eau. Ce besoin croissant en eau facilite l'absorption des deux litres quotidiens. Tout le monde devrait faire plus d'efforts pour boire de l'eau.

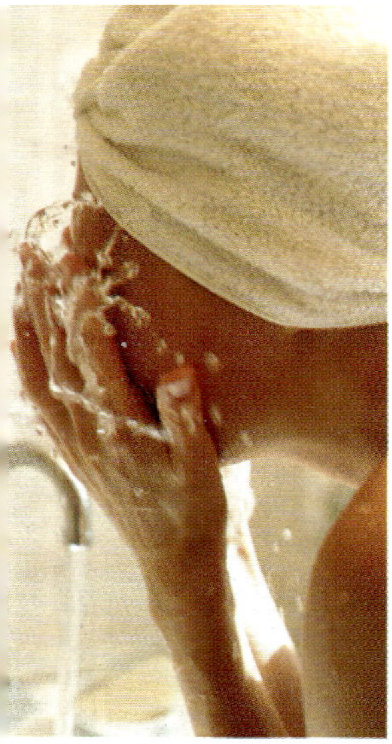

L'eau, élément clé du nettoyage extérieur et intérieur du corps.

Nettoyage

L'eau est chargée de nettoyer notre corps des substances indésirables, dont les toxiques exogènes, c'est-à-dire provenant de l'extérieur, et les toxiques endogènes, c'est-à-dire les produits de décomposition et les métabolites formés à l'intérieur du corps.

Toxiques exogènes

- Engrais chimiques et artificiels utilisés dans l'agriculture intensive.
- Hormones et autres substances apparentées, antibiotiques, tranquillisants utilisés dans les élevages industriels.
- Additifs alimentaires de synthèse.
- Médicaments chimiques.
- Produits nocifs pour l'environnement.

La meilleure mesure à prendre est bien entendu d'éviter ou de diminuer le plus possible la quantité de ces substances toxiques apportées de l'extérieur, par exemple, en consommant des aliments issus de l'agriculture biologique, en se tournant vers des médecines douces et en optant pour un mode de vie sain et naturel. Toutefois, aujourd'hui, ces choix de vie ne nous protègent pas pour autant contre les pollutions environnementales.

Toxiques endogènes

Il s'agit notamment des produits de décomposition issus du métabolisme. L'absorption des aliments et leur transformation immédiate au cours du processus métabolique entraînent l'apparition de substances nécessaires à l'organisme pour sa construction et son maintien en forme mais, par ailleurs, cette transformation crée d'autres substances inutiles, les *toxiques endogènes*, que le corps doit éliminer.

L'eau joue ici un rôle de premier plan car il en faut une grande quantité uniquement pour produire les sucs digestifs, la salive, les sucs gastriques et les sécrétions pancréatiques. L'intestin grêle et le gros intestin retirent l'eau des nutriments indigestes, selon les besoins de l'organisme. Si celui-ci manque d'eau, il cherchera à en récupérer autant que possible dans les matières fécales et, comme nous l'avons déjà exposé, il s'agit d'une cause fréquente de constipation. Or, un séjour prolongé des selles dans l'intestin peut entraîner la réabsorption de toxiques qui devaient être éliminés. De plus, la stimulation permanente de la paroi intestinale favorise l'apparition d'un cancer des intestins. Pour lutter contre la constipation, les médicaments chimiques enlèvent de l'eau dans la paroi intestinale afin de ramollir et de fluidifier les selles, contribuant, avec le temps, à endommager la paroi. Alors, pourquoi ne pas tout simplement boire de l'eau en quantité suffisante ?

Informations, forces constitutives des aliments

Le gros intestin est souvent considéré comme un deuxième cerveau. Les informations, c'est-à-dire les forces constitutives des aliments digérés, sont assimilées par le gros intestin en même temps que l'eau qu'il retire des selles. Par exemple, notre organisme peut diagnostiquer par ce moyen si la viande de bœuf consommée provient d'un animal nourri naturellement ou provenant d'un élevage industriel. Cela vaut également pour la production des végétaux.

Le mode de préparation des aliments est également essentiel. Par exemple, leur structure hydrique est entièrement détruite lorsqu'ils sont cuits dans un four à micro-ondes. Ces aliments dénaturés ne sont donc plus vraiment utiles à l'organisme. L'eau étant un support d'informations presque illimité, elle doit être considérée comme le médiateur de la vie. (Voir chapitre 7.)

Équilibre base-acide

Nous contribuons à acidifier notre organisme en préparant les aliments de manière impropre et en mangeant de manière déséquilibrée. D'un côté, nous absorbons trop de toxines et, de l'autre, trop peu de vitamines, de minéraux, d'oligoéléments, d'enzymes et de substances vitales. Le sucre, le café, l'alcool, la nicotine, la charcuterie et la viande ainsi que le stress et les soucis favorisent tout particulièrement la production d'acide. Des minéraux basiques neutralisent cette acidification, entraînant l'apparition d'impuretés sous forme de dépôts difficilement solubles. Ceux-ci s'accumulent de préférence dans les « décharges » de l'organisme, c'est-à-dire dans le tissu conjonctif et le tissu adipeux. Au fil des années, cet engorgement gagne l'ensemble du corps.

Pour conserver un équilibre base-acide et résorber les engorgements, il est important de respecter une bonne hygiène de vie, de suivre un régime alimentaire varié, de choisir des aliments sains, de les préparer correctement et de les manger lentement. Les bains dans une eau basique sont une aide précieuse pour maintenir cet équilibre.

Notre santé physique dépend étroitement de notre bien-être psychique. Nous en avons tous fait l'expérience à un moment de notre vie. Quand nous sommes heureux et satisfaits, rien ne peut nous abattre. Même lorsque des épidémies de grippe se succèdent dans notre entourage, nous restons robustes et invulnérables face à la contagion. En revanche, si nous sommes stressés, contrariés, malheureux et mécontents, nous sommes vulnérables à toutes sortes de maladies. L'expression « je suis contrarié » témoigne aussi bien de nos émotions que de notre état physique.

Que le corps ait absorbé des toxiques, des acides ou tout autre information, il est essentiel de garder l'eau qu'il contient pure et saine, objectif qu'on ne peut atteindre qu'en buvant beaucoup d'eau chimiquement et physiquement saine.

L'eau, élément pour dépolluer et désintoxiquer

Pour jouer son rôle de solvant, l'eau doit être disponible en quantité suffisante. Les reins ne peuvent plus rejeter les substances solubles ou insolubles dans l'urine si celle-ci est trop concentrée. Les substances qui ne peuvent être éliminées par cette voie restent stockées dans les tissus. C'est pourquoi une urine à l'odeur forte et très colorée est souvent le signe d'un manque d'eau. Pour que l'eau ait une action de solvant optimale, il faut qu'elle soit la plus pauvre possible en sel et en minéraux. Moins elle contient de matières dissoutes, plus elle peut dissoudre facilement des substances.

Une bonne eau, très dynamisée, dotée d'une grande force d'attraction des autres substances, peut dissoudre petit à petit des structures cristallines solidifiées, comme des calculs rénaux ou biliaires, et évacuer des déchets stockés dans les tissus. Pour cela, on peut aider l'organisme en prenant des bains d'eau basique.

« Lorsque j'arrive à associer l'eau à la force (énergétisation), elle devient source de vie. Lorsque j'en fais un produit chimique, elle devient source de mort. »
Wilfried Hacheney

Gauche : L'eau contenue dans les animaux et les plantes mémorise les informations sur leur vie.

Droite : Une eau vivante transmet la vie

L'eau est-elle aussi pure qu'elle le paraît ?

Chapitre 5

La qualité de l'eau

On ne peut évaluer la qualité de l'eau que par une approche globale. Or, cette approche est de plus en plus supplantée par une autre, beaucoup plus spécialisée. Plus les scientifiques cherchent, pensent et procèdent en spécialistes, plus ils oublient leurs connaissances générales sur le sujet.

Il en va de même pour la médecine moderne : sans une vision globale, elle ne résout pas les problèmes de santé. Les symptômes sont traités par des spécialistes, sans considérer l'individu dans son ensemble ni prendre en compte les relations qui gouvernent l'organisme humain. Les symptômes disparaissent mais la maladie n'est pas guérie pour autant, laissant apparaître au contraire d'autres problèmes parfois plus sérieux. Pour obtenir une véritable solution et une guérison effective, il faut donc tenir compte de l'ensemble des relations internes et externes du corps humain.

Afin d'évaluer la qualité de l'eau dans sa globalité, il ne suffit pas de rechercher une partie seulement des éventuelles pollutions chimiques et bactériologiques, comme les lois actuelles le stipulent. Celles-ci ignorent les relations essentielles qu'entretient l'eau avec son environnement. Il faut inclure impérativement dans l'évaluation les qualités physiques de l'eau.

Étude globale de la qualité de l'eau

Pour juger de la qualité de l'eau dans sa globalité, il est nécessaire de prendre en compte les critères énumérés dans le tableau ci-dessous. Une bonne eau présentera donc les caractéristiques suivantes :

Qualité chimique de l'eau	Qualité bactériologique de l'eau	Qualité physique de l'eau
Produits chimiques ▼ Minéraux* ▼ Calcaire* ▼ Oxygène ▲ Acide carbonique* ▼ Composants odorants ▼ Agents de sapidité ▼ Matières en suspension ▼ Rouille ▼ Substances radioactives ▼ Valeur du pH ◆	Bactéries ▼ Virus ▼ Parasites ▼ Spores de champignons	Surface interne ▲ Taille des gouttes ▼ Énergie, forces attractives ▲ Structure ▲ Pénétration de la lumière, activité biophotonique ▲ Informations extérieures ▼ Forces concentratrices ▼
Le plus faible possible ▼ Autant que possible ▲ Aussi équilibré que possible ◆		

Nous ne pouvons parler d'une « bonne » eau que lorsque tous les facteurs chimiques, biologiques et physiques sont présents tels qu'ils sont indiqués dans ce tableau. Nous en expliquerons les raisons plus en détail dans les chapitres 6 et 7. Auparavant, nous souhaitons éclaircir quelques points souvent mal compris.

Minéraux, calcaire

En Allemagne, il est communément admis que l'eau doit être riche en minéraux pour satisfaire les besoins de l'organisme. En Italie et en France, on est plutôt d'avis contraire : ce sont les eaux faiblement dosées en minéraux qui sont recommandées. Alors, quel type d'eau répond le mieux à l'exigence de pureté et de pouvoir nettoyant ? La réponse est abordée au chapitre 6, *Minéraux*.

Acide carbonique

Depuis des décennies, on nous assure que l'acide carbonique dans l'eau est bienfaisant, pétillant, frais et désaltérant. D'un point de vue technique, il agit comme un conservateur dans l'eau en bouteille. C'est en réalité un produit de dégradation du métabolisme que l'organisme doit éliminer. Sa présence dans l'eau est contre-productive. Voir le chapitre 6.

Valeur du pH

La valeur du pH permet de déterminer l'acidité, la neutralité ou la basicité de l'eau, autrement dit la concentration en ions hydrogène. Cette valeur est définie par l'échelle suivante :

pH de 0 à 6,9 : acide
pH de 7 : neutre
pH de 7,1 à 14 : basique

Une eau pure a une valeur de pH égale à 7 car elle possède exactement 10^{-7} particules acides (ions hydrogène H^{+}) et 10^{-7} particules basiques (ions hydroxyde OH^{-}) par litre (10^{-7} = 0,000 000 1). On dit qu'elle est neutre, ni acide ni basique. Plus un liquide est acide, plus le pH est faible. Par exemple, le suc gastrique d'un pH 2 contient 10^{-2}, soit 0,01 particules acides. Les sécrétions pancréatiques ont un pH 8 et contiennent donc seulement 10^{-8}, soit 0,000 000 01 particules acides. La notion de pH est davantage détaillée dans le chapitre 6.

Facteurs influant sur la qualité de l'eau

L'industrie, les transports, les particuliers et l'agriculture polluent l'eau en y déversant des milliers de produits chimiques, de métaux lourds, de substances radioactives, de rayonnements électromagnétiques, de matières fécales, de résidus médicamenteux, de substances apparentées aux hormones, de pesticides, d'hydrocarbures, de matières plastiques, etc.

Panache de fumée d'une usine

Les stations de pompage et les usines de distribution modifient l'eau en la traitant chimiquement et physiquement. En la pompant artificiellement et en la remontant trop tôt à la surface, elles interrompent prématurément sa régénération naturelle, sans tenir compte du facteur temps, très important dans le processus de régénération. Les canalisations d'eau contribuent elles aussi à modifier l'eau sur les plans chimique, biologique et physique.

Cycle naturel de l'oxygène et du dioxyde de carbone

Sur le plan chimique, l'eau est polluée par l'élimination de matières provenant des canalisations. Le plomb, utilisé notamment dans les anciennes conduites, pose un sérieux problème, tout comme le cuivre. Avec les canalisations en fibrociment, on retrouve des fibres dans l'eau potable. Toutefois, on nous affirme que cela n'est pas très grave puisque l'amiante absorbée ne parvient pas dans les poumons. En revanche, les canalisations goudronnées représentent, elles, un problème beaucoup plus grave car le goudron se détache de manière insidieuse et pollue l'eau potable dans des proportions parfois très élevées.

Sur le plan biologique, l'eau peut être contaminée par des fuites des canalisations d'évacuation, laissant passer dans l'eau des matières fécales, des bactéries ou autres parasites. Beaucoup de citernes d'eau restent polluées en permanence à cause des épandages de fumier et de purin que les agriculteurs dispersent dans les champs en hiver. Entraînées dans les eaux par la fonte de la neige, les bactéries et autres microbes parviennent rapidement dans les nappes phréatiques, polluant ainsi fortement les sources. Pour des raisons politiques, les zones de protection des sources d'eau potable sont bien trop restreintes.

Sur le plan physique, l'eau est altérée par la forte pression qui la propulse dans les canalisations, parfois longues de plusieurs kilomètres. L'eau ne peut s'y écouler ni tourbillonner naturellement. Lorsque l'eau potable arrive enfin chez le consommateur, elle a déjà subi toutes sortes de pollutions si bien qu'elle n'a plus grand-chose d'une eau naturelle.

Enfin, le consommateur influe lui aussi sur la qualité de l'eau en la filtrant, en la régénérant, en la faisant bouillir, en la stockant ou en la consommant additionnée d'acide carbonique.

En la régénérant en permanence, la nature agit sur l'eau dans la mesure où l'homme ne l'en empêche pas. Malheureusement, les pollutions environnementales et les interventions artificielles sont beaucoup plus répandues qu'on ne pourrait le croire.

Peut-on mesurer la vie ?

Les scientifiques ne reconnaissent la réalité d'une chose que s'ils peuvent la mesurer. Pour être plus précis, nous devrions dire « ils ne reconnaissent la réalité que s'ils peuvent la mesurer avec les instruments à leur disposition aujourd'hui ». Pourtant, cette méthode nous montre très vite les limites de la science et, si l'on ne va pas au-delà, on ne progresse plus.

Une certaine vision du monde prédomine aujourd'hui dans notre société. Toute structure possédant des cellules et un ADN est vivante ; toute structure dépourvue de ces caractéristiques ne l'est pas. La conception scientifique est aussi simple que cela – mais est-ce réellement aussi simple ? En tout cas pas pour l'eau « vivante » comme nous avons pu le montrer dans les précédents chapitres.

Comment peut-on mettre en évidence ce caractère vivant de l'eau ? Depuis plus de cinquante ans, les méthodes morphogénétiques, ou méthodes sensibles, s'efforcent de rendre le vivant visible. De nombreux laboratoires et instituts utilisent avec succès, depuis des décennies, ces méthodes qui permettent de visualiser les forces constitutives, si importantes pour le vivant.

Les forces morphoconstitutives ne peuvent pas être évaluées par les méthodes scientifiques. Pourtant, elles existent bel et bien car, sans elles, un organisme vivant ne pourrait ni se développer ni s'épanouir, il se décomposerait. Cependant, en dépit de ces cinquante années d'expérience dans le domaine des méthodes morphogénétiques, les courants dominants de la pensée scientifique les contestent toujours de manière véhémente.

Les illustrations ci-dessous permettent d'avancer quelques explications sur la méthode morphogénétique. L'eau dans laquelle sont

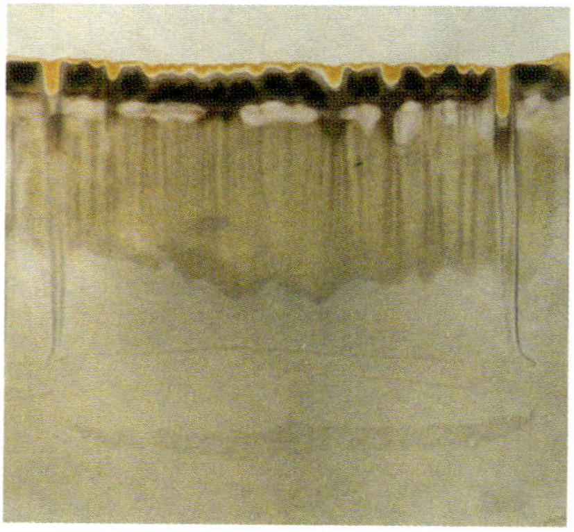

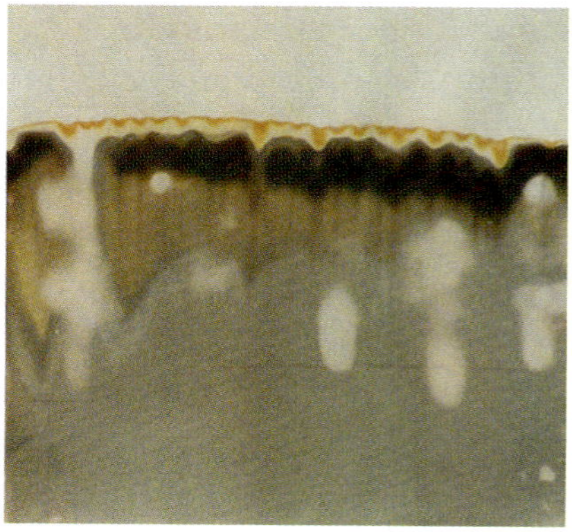

Gauche: Image morphogénétique d'une eau de qualité et énergisée.

Droite: Image morphogénétique d'une eau de qualité médiocre et faiblement énergisée.

dissous des colorants remonte par capillarité sur un papier buvard, faisant apparaître des différences qualitatives. Une eau de qualité et énergisée (à gauche) montre une force d'ascension plus régulière et plus élevée ainsi qu'une meilleure force de capillarité. Les colorants dissous dans l'eau remontent eux aussi jusqu'en haut du papier, celui-ci restant relativement clair. En revanche, une eau de qualité médiocre et faiblement énergisée (à droite) montre une force d'ascension irrégulière et plus faible ainsi qu'une force d'aspiration amoindrie. Les colorants « se perdent » au cours de la remontée capillaire. Par conséquent, ils teintent le buvard d'une couleur foncée et forment une bande sensiblement plus large en haut du papier. Dans une eau de qualité bien énergisée, les forces constitutives sont nettement plus prononcées ; l'image sur chromatographe est claire et structurée. Au contraire, pour une eau faiblement énergisée, l'image est floue et semble « décolorée ».

Les méthodes de mesures scientifiques ont prouvé leur légitimité dans des cadres précis. En effet, on peut mesurer exactement la vitesse d'une voiture, la trajectoire d'une fusée ou la luminosité d'une lampe. Cependant, plus nous entrons dans les détails et plus ces calculs deviennent complexes.

Dans le monde de l'infiniment petit, il est encore plus difficile d'effectuer des calculs. Par exemple, il est généralement admis qu'une recherche effectuée par microscope électronique à balayage peut livrer des résultats différents lorsqu'une personne pénètre dans le local ou s'effectue la recherche. Comment cela est-il possible ? Selon toute apparence, il s'agit d'interactions que nous sommes encore incapables d'expliquer aujourd'hui mais qui n'en restent pas moins perceptibles et détectables. Ainsi, la présence d'un individu altère à elle seule le résultat de la mesure. Lorsque nous souhaitons aller encore plus dans le détail en utilisant des méthodes spectroscopiques, la mesure modifie elle-même (à travers l'énergie apportée) les structures ou les processus faisant l'objet de la mesure. Au niveau submoléculaire enfin, on ne peut plus discerner clairement si ce que l'on souhaite mesurer n'a pas été créé par la mesure elle-même. Par conséquent, il est difficile de savoir si ce qui est mesuré et établi scientifiquement existe réellement sous cette forme-là. En ce qui concerne la recherche scientifique sur l'eau, nous évoluons presque en permanence au niveau submoléculaire !

Les recherches et les mesures qui influencent l'objet de l'étude ne peuvent jamais saisir la réalité dans sa globalité. Il existe, par exemple, une méthode de recherche sur l'eau appelée *méthode de cristallisation*. L'eau est évaporée puis condensée, le résidu obtenu est incinéré et mesuré. Le résultat doit donner des renseignements sur la qualité énergétique de l'eau. Ce n'est donc pas l'eau en elle-même qui est analysée mais un résidu totalement modifié. Quel rapport ce résultat de mesure a-t-il avec l'eau d'origine ? La mesure permet seulement d'évaluer quelles substances et quelles informations ont résisté à la modification, mais une conclusion sur les caractéristiques originelles de l'eau sera forcément faussée.

Une mesure probante ne doit ni s'immiscer dans le milieu à mesurer ni le modifier. Cependant, toutes les méthodes d'analyse scientifiques utilisées couramment aujourd'hui altèrent plus ou moins la matière étudiée. Dans les substances inorganiques, cela n'a guère d'importance mais il est impossible d'évaluer le caractère vivant d'un organisme lorsqu'on le détruit avant de le mesurer.

Ainsi, les seules méthodes d'analyse envisageables restent purement observatrices. Les méthodes morphogénétiques s'avèrent les mieux adaptées.

À travers ces méthodes, on observe et on compare le développement des forces constitutives de la vie, dans un légume, dans un médicament naturel, dans le sang ou dans l'eau, par exemple. Avec la méthode de microscopie sur fond noir, on peut observer une goutte de sang, sans l'avoir préparée ni conservée de quelque manière que ce soit. Son caractère vivant et sa qualité deviennent alors visibles. À l'inverse, la microscopie sur fond clair qui utilise des préparations dévitalisées convient pour dénombrer les cellules mais pas pour observer leurs fonctions vitales.

La pollution de l'eau aujourd'hui

À l'heure actuelle, l'eau est polluée de multiples manières. Même lorsqu'elle paraît « claire comme de l'eau de roche », elle peut être malgré tout polluée par plusieurs facteurs, qu'ils soient chimiques, biologiques, radioactifs, électromagnétiques, mécaniques ou physiques.

Pollution chimique de l'eau

Il s'agit aujourd'hui du type de pollution le plus surveillé. En France, environ 450 produits phytosanitaires sont commercialisés, dont 92 sont soupçonnés d'être cancérigènes. Aucune station de pompage ne peut analyser ces 450 substances actives, toutes classées dans la catégorie « produits phytosanitaires et produits biocides* ». Elles comprennent notamment des insecticides, des herbicides, des fongicides, des nématocides, des rodenticides, des produits anti-moisissures, des produits apparentés (entre autres des régulateurs de croissance) ainsi que des métabolites, des produits de dégradation et de réaction**. Parmi tous les produits cités, seuls les phytosanitaires et les biocides dont la présence est probable dans une eau suspecte sont surveillés. Leur valeur limite par substance ne doit pas dépasser 0,000 1 mg/l. La valeur limite globale de l'ensemble des produits phytosanitaires et biocides décelés quantitativement lors d'une procédure de contrôle doit s'élever à 0,000 5 mg/l maximum. Les usines de distribution d'eau ne peuvent protéger l'eau potable à 100% car elles ne recherchent que les produits qui ont une grande probabilité de s'y trouver. Mais comment peut-on connaître la probabilité de tous les produits avant d'effectuer l'analyse ? On ne peut trouver que ce que l'on cherche !

Les valeurs limites posent elles aussi des problèmes. Elles sont fixées d'après des données techniques et d'après des valeurs devenues aujourd'hui courantes, si bien qu'elles peuvent être respectées sans trop de difficultés par les industriels. Ainsi, elles ne représentent pas des valeurs inoffensives pour la nature, l'homme et sa santé mais des valeurs exploitables sur le plan technique et économique. Plus une valeur limite est faible, plus les mesures de protection à prendre dans l'industrie et l'économie sont onéreuses. Plus une valeur limite est élevée, plus ses conséquences coûtent cher à l'assurance maladie. Pour calculer la valeur idéale, on détermine un niveau où les coûts sont les plus bas pour les deux parties. On passe sciemment sous silence le fait que ces valeurs limites ne sont qu'une question économique visant à réduire les coûts et qu'elles

---

* Biocide : produit chimique qui détruit les êtres vivants, utilisé en agriculture et dans l'industrie.

** Insecticide : produit chimique servant à détruire les insectes ; herbicide : produit chimique servant à détruire les plantes indésirables ; fongicide : produit chimique servant à prévenir le développement des moisissures ou à les détruire ; nématocide : produit chimique servant à lutter contre les nématodes, espèce de vers parasites ; rodenticide : produit chimique servant à lutter contre les rongeurs ; métabolites : produits issus du métabolisme.

Une eau pleine de vie

s'accommodent des maladies, des fausses couches et des enfants malformés. De plus, les coûts sont diversement supportés: les mesures de protection relèvent exclusivement de l'industrie et de l'économie. Les frais d'assurance maladie sont de plus en plus supportés par les consommateurs (nous assumons la responsabilité des méfaits des autres). Et devinez dans quel sens sont déplacées les valeurs limites lorsque ces industriels et ces économistes se plaignent des réglementations trop strictes et menacent de supprimer des emplois?

Dans bien d'autres domaines, les valeurs limites et les valeurs indicatives posent aussi problème. Elles correspondent à des quantités de produits toxiques acceptées par la loi dans l'environnement, l'alimentation et dans l'eau. En règle générale, on ne fait pas de différence entre les différentes capacités de résistance des hommes. Il n'existe donc aucune concentration de polluants, aussi minime soit-elle, qui exclut à 100% une atteinte à la santé.

Avec la pluie, toute la pollution revient sur la terre.

«Les valeurs limites, tant par leur niveau que par les critères qui les régissent, font fréquemment l'objet de virulentes controverses. La communauté scientifique est divisée sur les valeurs à partir desquelles les substances ne sont plus nocives. Bien souvent, les études apportent des réponses différentes à la question de savoir à partir de quelle quantité ou de quelle concentration ces substances sont acceptables. Outre la question de leur dangerosité pour la santé, d'autres considérations, comme la nécessité de perfectionner les techniques d'analyse, la charge financière ou l'absence de conformité avec les directives internationales sous-tendent un grand nombre de décisions.»
Citation de Microsoft® Encarta®
Encyclopédie professionnelle 2003

Les pollutions chimiques causées par les métaux lourds posent de graves problèmes dans les environs immédiats des industries lourdes et sur le réseau routier. Les bâtiments anciens sont fréquemment pollués par des métaux lourds à cause des canalisations en plomb et peuvent également être à l'origine d'une pollution par l'amiante.

La pollution due aux produits chimiques et pharmaceutiques est en constante progression. Mais les pouvoirs publics ne s'étendent guère sur le sujet. Selon une étude de l'Université de Boston, au cours de laquelle plus de six mille eaux ont été analysées, les substances nocives ci-dessous sont aujourd'hui présentes dans presque toutes les sources de la Terre :

- médicaments et leurs produits de dégradation,
- produits phytosanitaires et leurs produits de dégradation,
- pesticides de type polaires, en réalité substances apparentées aux hormones.

Nous n'aborderons ici que certains types de pollutions chimiques qui empoisonnent aujourd'hui l'eau, les êtres humains ainsi que tous les organismes vivants.

Minéraux

Selon la nature de leurs ions et selon leurs « partenaires » chimiques, les minéraux présents naturellement dans l'eau – sodium, calcium, fer, chlore, carbonates, sulfates, silicates, etc. – possèdent des solubilités extrêmement différentes. Par exemple, le fer bivalent (ion ferreux ayant deux électrons) est très soluble dans l'eau tandis que le fer trivalent est totalement insoluble. Lorsque le calcium est associé au chlore, il est très soluble mais, lorsqu'il est associé au carbonate (acide carbonique), il l'est beaucoup moins. Cette association produit alors un calcaire solide (carbonate de calcium) qui se dépose dans les canalisations d'eau et les appareils en contact avec l'eau.

C'est pour cette raison que seuls les minéraux parfaitement solubles dans une solution aqueuse, comme le sodium, le chlore ainsi que quelques autres impuretés secondaires issues du sel, sont exploitables par l'organisme humain. Il ne peut rien faire d'autre que décomposer les autres minéraux difficilement solubles lorsqu'ils sont liés organiquement. Ces derniers doivent préalablement être transformés par une plante pour que l'organisme, après avoir digéré le végétal, puisse les utiliser. Par conséquent, le fer trivalent insoluble et omniprésent ne lui est d'aucune utilité.

Ce n'est que lorsque ce fer est converti en fer bivalent dans une plante, par exemple la betterave rouge, puis lié organiquement, que l'organisme peut s'en servir pour fabriquer le sang. Il en est de même pour le cuivre, qui est associé dans notre corps à sa propre protéine de transport.

Une fois dans l'organisme, les minéraux doivent rester solubles car, sinon, ils forment des dépôts solides non utilisables. L'acidification est au cœur du processus en « consommant » du calcium (minéral très important et de loin le plus présent dans l'organisme avec environ 1 000 g) et en le transformant en dépôt difficile à éliminer (voir *Équilibre base-acide* au chapitre 4). L'élimination de ces minéraux surcharge fortement les reins. Dans le meilleur des cas, les dépôts sont stockés dans les tissus conjonctifs ; mais dans des conditions défavorables, ils peuvent aussi s'accumuler dans les organes ou les artères. Associés à d'autres substances, ils forment alors des plaques d'athérome, favorisant l'apparition de pathologies telles que l'hypertension artérielle, l'infarctus du myocarde ou l'attaque d'apoplexie.

Pour faciliter l'élimination de ces dépôts, il faut tout d'abord diminuer l'acidification du corps en optant pour une alimentation basique : manger plus de fruits et de légumes, moins de viande et de charcuterie, renoncer ou du moins limiter fortement la consommation de café, de nicotine et d'alcool. De plus, il faut boire une eau faiblement minéralisée car elle est la seule à posséder une capacité d'absorption suffisante pour éliminer les minéraux. Dans de nombreux cas, des substances spécifiques sont nécessaires pour parvenir à une désintoxication ciblée. Ces substances, présentes dans certaines plantes, sont capables de dissoudre et de décomposer les dépôts solides. Associées à des bains dans une eau basique, ces substances peuvent constituer le fondement de cures très efficaces, qui conviennent parfaitement pour désintoxiquer l'organisme.

Dans nos « nations civilisées », nous souffrons d'acidification et d'intoxication, nous devons donc boire de préférence une eau faiblement minéralisée et peu salée. De plus, le besoin en minéraux de notre organisme est couvert à 99,8% par notre alimentation et à 0,2% seulement par l'eau. Les eaux minéralisées en bouteille vendues dans le commerce n'est donc rien d'autre qu'une vaste supercherie commerciale.

Pollution biologique de l'eau

Ce type de pollution est essentiellement dû aux matières fécales et aux bactéries. Les excréments parviennent dans les nappes phréatiques suite aux épandages agricoles mais aussi à cause des fosses de décantation ou des stations d'épuration qui ne décontaminent pas l'eau selon les règles en vigueur. Ils parviennent également dans l'eau à cause de canalisations non étanches. Les bactéries de l'espèce *Escherichia coli* (présente dans la flore intestinale) servent dans ce cas d'indicateurs: leur présence dans l'eau prouve une contamination par des excréments et, éventuellement, celle de germes pathogènes. Les usines de distribution d'eau réagissent en augmentant la teneur en chlore de l'eau ou, de manière plus moderne, en exposant l'eau à des rayons UV. Cela permet certes de maîtriser la pollution biologique mais entraîne une pollution chimique ou informelle.

Pollution radioactive de l'eau

La pollution radioactive de l'eau n'a été reconnue que tout récemment. En Allemagne, la revue de consommateurs *Öko-test* et l'association Stiftung Warentest ont mis en évidence cette pollution dans de nombreuses marques d'eau en bouteille. La radioactivité actuelle provient de l'utilisation de l'énergie nucléaire et des essais de bombes atomiques aériens effectués pendant les années 1960. Les phénomènes géologiques naturels jouent un rôle plutôt mineur.

Les matières radioactives peuvent être partiellement stoppées par des filtres au charbon actif ou des installations d'osmose inverse. La valeur limite admise pour le tritium (isotope radioactif de l'hydrogène) s'élève à 100 Bq/l et la dose indicative globale (hormis le tritium, le potassium 40, le radon et les produits de filiation du radon) à 0,1 mSv/a*. Souvenons-nous de Tchernobyl. Avant cet accident nucléaire, le lait pour enfants contenait au maximum 10 Bq/l de tritium; aujourd'hui, la valeur limite du tritium est

* Bq/l: Becquerel par litre. Henri Becquerel, physicien français lauréat du prix Nobel, a découvert le phénomène de la radioactivité en 1895. En physique, l'unité de mesure Becquerel (Bq) correspond à la désintégration radioactive d'une particule par seconde.

mSv/a: milli-Sievert par an. Le Sievert sert à mesurer l'action biologique d'un rayonnement ionisant. En effet, les différents types de rayonnements (rayons α, β et γ) ont une action nocive plus ou moins forte sur les organismes biologiques. Cette relation est prise en compte par le calcul de la dose équivalente, dont l'unité de mesure est le Sievert (Sv), ou le milli-Sievert (mSv). Par conséquent, l'unité mSv/a permet d'exprimer la dose de rayonnements ionisants absorbés par les organismes biologiques pendant une année.

dix fois plus élevée ! La pollution radioactive est toujours plus forte autour des centrales nucléaires que dans les régions situées à l'écart.

Pollution de l'eau par des rayonnements électromagnétiques

Bien que ce type de pollution soit rarement mentionné, il faut le prendre très au sérieux. L'eau peut mémoriser les informations des rayonnements nocifs émis par les satellites, les stations radar, les émetteurs radiophoniques, les émetteurs de radiocommunication mobile, les micro-ondes, etc. Cela perturbe la structure de l'eau qui ne peut plus mener à bien ses tâches. Voir *La mémoire de l'eau* au chapitre 7.

Pollution mécanique de l'eau par la pression

Par *pollution mécanique de l'eau*, on entend la pollution due à la pression dans les canalisations (jusqu'à 10 bars et plus juste après l'usine de distribution d'eau ou de la station de pompage) ou à la pression induite par l'acide carbonique dans la bouteille (quelques bars). Peu de gens savent que la pression détruit la structure de l'eau. Nous buvons donc une eau détériorée, déstructurée et pauvre en énergie. Du point de vue physique et énergétique, il s'agit d'une eau « fatiguée », « malade », voire « morte ». Dans le monde du vivant, une pression excessive a toujours une action destructrice.

Cours d'eau dans un pâturage

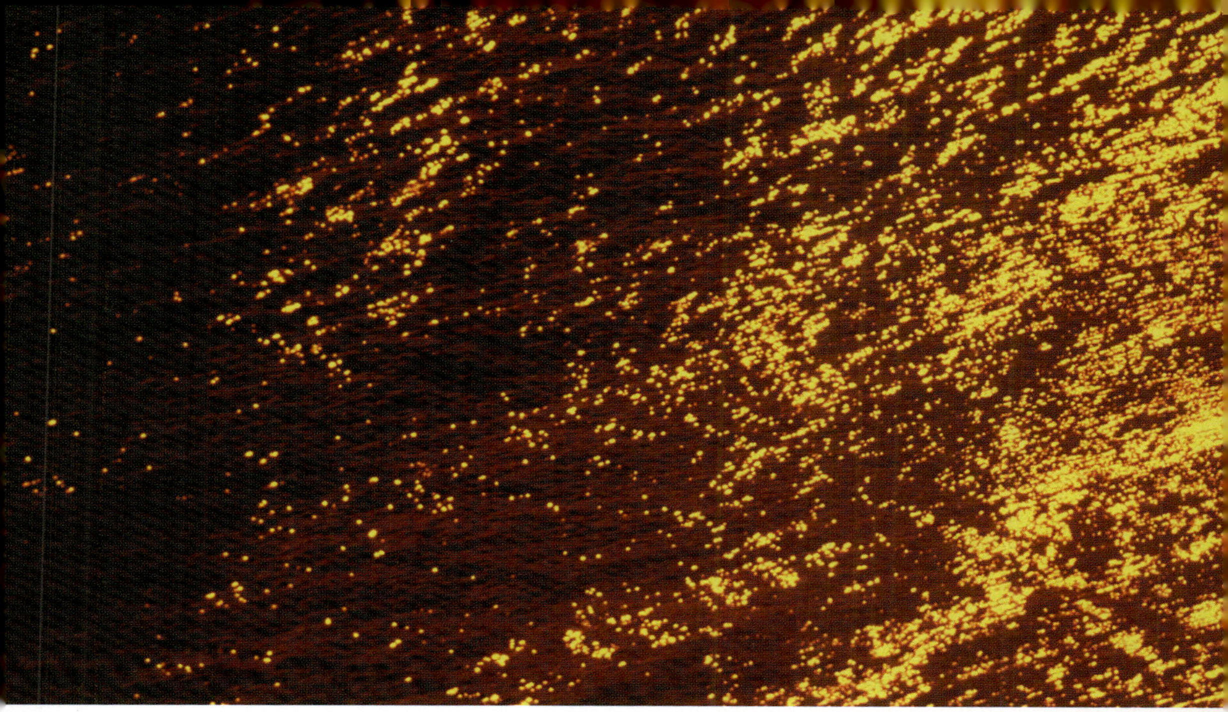

Chapitre 6

L'eau du point de vue chimique et microbiologique

Quelle est l'attitude des pouvoirs publics au sujet de la qualité chimique et microbiologique de l'eau ? Naturellement, les citoyens exigent de l'État, des municipalités et des collectivités locales une garantie de la salubrité de l'eau. Les pouvoirs publics, eux, ne se lassent pas d'expliquer que l'eau du robinet est l'aliment le plus surveillé qui soit, pur et d'excellente qualité. Selon eux, la loi sur l'Eau est justement chargée de faire respecter et de surveiller ce haut niveau de qualité. Le 5 avril 2005 et au terme de huit années de difficiles négociations, le gouvernement français a soumis un projet de loi sur l'Eau au Parlement. D'ici à 2015, la France doit parvenir à « *un bon état écologique des eaux* », fixé par la directive européenne du 23 octobre 2000. Cependant, le projet a provoqué de virulentes réactions de la part des associations écologistes et de consommateurs qui pointent les insuffisances du texte*.

* L'association de consommateurs *UFC-Que Choisir ?* affirme même qu'« en consacrant le principe du pollué-payeur, le projet de loi sur l'Eau est contraire à la Charte de l'environnement [adossée le 28 février à la Constitution] et aux engagements communautaires de la France. Ce projet refuse de s'attaquer aux pollutions agricoles de l'eau par les nitrates et les pesticides. » (Voir www.quechoisir.org)

La lutte contre la pollution a accompli de nombreux progrès, en épurant notamment 70% des rejets toxiques de l'industrie et en assainissant 60% des eaux usées domestiques. Mais la pollution d'origine agricole reste la principale pierre d'achoppement. La moitié du territoire est polluée par les nitrates, les pesticides infectent 75% des rivières et la moitié des nappes phréatiques. Alors que les agriculteurs sont très largement responsables de cette pollution (ils achètent 90% des pesticides), ils sont très peu mis à contribution. Aujourd'hui, les particuliers versent 82% des redevances pollution aux six agences de l'eau, qui gèrent un montant global de deux milliards d'euros par an. Les industriels contribuent pour 14% à ce budget, et les agriculteurs environ 1% seulement.

L'eau en bouteille - eau de source, eau minérale et eau de table

Aujourd'hui, l'eau en bouteille, généralement appelée *eau minérale*, est plus populaire que jamais. La prise de conscience grandissante des questions de santé, la volonté de manger plus sainement, d'avoir une meilleure condition physique ainsi que la méfiance à l'égard de l'eau du robinet ont contribué au vif succès de l'eau minérale.

	1992	2001
Production d'eau minérale	5 200 millions de litres	6 500 millions de litres
Consommation annuelle par habitant	70 litres	94 litres

Marché de l'eau embouteillée en 2003: environ 2,2 milliards d'euros. (Source: *Rapport sur la qualité de l'eau et l'assainissement en France*, par M. Gérard Miquel, sénateur, mars 2003.)

À titre de comparaison, la consommation de vin par habitant s'élevait à 56 litres par an en 2003.

Pouvons-nous imaginer combien de poids lourds représente le marché de l'eau? Plusieurs centaines de milliers de camions par an ! Cela implique la fabrication de milliards de bouteilles, leur acheminement vers les usines d'embouteillage, leur remplissage puis leur étiquetage.

Pour les consommateurs, il leur faut transporter les lourdes bouteilles d'eau. Comment se fait-il que les consommateurs qui, d'après les pouvoirs publics, disposent de la meilleure eau à leur robinet, soient aussi nombreux à acheter de l'eau embouteillée ?

L'eau minérale embouteillée est-elle réellement plus saine que l'eau du robinet ?

Qu'est-ce que l'eau minérale ?

Quelles sont les différences entre les eaux minérales ?

Il faut faire la distinction entre les véritables eaux de source, très rares, les eaux minérales naturelles les plus vendues, les eaux de table élaborées artificiellement et les eaux médicinales, peu répandues et non disponibles en vente libre.

Une authentique eau de source est une eau potable d'excellente qualité.

Eau de source artésienne

Une telle eau prend sa source sous terre et jaillit naturellement, sans pompage ni pression supplémentaire. Il s'agit d'une eau ancienne qui, après avoir cheminé naturellement pendant des centaines d'années dans les entrailles de la Terre, à plusieurs centaines de mètres de profondeur, est remontée à la surface. Cette eau est arrivée à maturité, pure et fortement énergisée. Elle est à même de conserver les propriétés d'une eau vivante. Directement embouteillée à la source, elle porte le nom de « source artésienne ».

La part de marché de l'eau de source est d'environ 1%, tout simplement parce que les sources artésiennes sont très rares. Comme l'eau jaillit naturellement, l'embouteilleur n'influence pas le débit que la nature détermine librement. Ce type de source ne peut pas toujours être exploité de manière rentable. Si ces sources ne présentent pas vraiment d'atouts sur le plan économique, elles ont de vrais avantages sur le plan écologique. Les exploitants honnêtes et responsables ne pompent pas cette eau particulière mais mettent en place un dispositif de remplissage par gravité, c'est-à-dire que l'eau s'écoule directement dans des canalisations ouvertes jusque dans les bouteilles. Ce déploiement technique coûteux est aujourd'hui exceptionnel.

Cette eau possède des propriétés physiques particulières qui peuvent être détériorées par un embouteillage automatique par pompage, un entreposage prolongé et inadéquat, un transport long ou dans des bouteilles inadaptées. Nous exposerons plus en détail ses spécificités dans le chapitre 7.

Eau minérale naturelle

Une eau minérale naturelle peut provenir d'une source souterraine, naturelle ou artificiellement viabilisée. Dans ce cas, l'eau ne jaillit pas d'elle-même en surface mais elle est pompée pour y parvenir. Une fois mise en bouteille, toutes les substances qu'elle contient doivent être présentes dans la source naturelle.

Les entreprises d'exploitation de ces sources sont autorisées à séparer les composés ferreux et soufrés, à éliminer le gaz carbonique ou, au contraire, à en rajouter.

La plupart des eaux minérales sont des eaux bicarbonatées. Elles s'écoulent dans un sous-sol rocheux contenant une forte proportion de calcaire, et donc du carbonate de calcium ($CaCO_3$). Elles comportent une quantité importante d'hydrogénocarbonate, également appelé *bicarbonate*. Sur l'étiquette de la bouteille, ce composé est mentionné dans la liste des anions avec le symbole HCO_3^-. La rumeur dit que ces eaux seraient bénéfiques en cas d'insuffisance rénale, de goutte et d'acidification de l'estomac. Or, cette rumeur ne coïncide pas avec des expériences réalisées sur plusieurs dizaines d'années en France et aux États-Unis. Néanmoins, il faut rester prudent devant un rapport d'expertise rédigé par un scientifique rémunéré.

Eau de table

Une eau de table n'est pas une eau naturelle mais une eau minérale élaborée artificiellement. Il s'agit soit d'un mélange d'eau du robinet et d'eau minérale naturelle, soit d'une eau du robinet à laquelle est ajouté du gaz carbonique. Elle peut même être mélangée à de l'eau salée naturelle (saumure naturelle) ou à de l'eau de mer. Des sels minéraux et du gaz carbonique peuvent être ajoutés artificiellement.

Il n'y a aucune obligation à indiquer la composition de l'eau de table sur l'étiquette. Après cela, comment trouver une lisibilité et une logique dans la législation…

Eau médicinale

Contrairement aux eaux précédemment évoquées, l'eau médicinale n'est pas un aliment mais un moyen thérapeutique. En raison de sa composition, elle est utilisée pour prévenir, guérir ou soulager des pathologies. Parmi celles-ci, citons les rhumatismes, les troubles gastriques et intestinaux, les inflammations des voies urinaires, l'artériosclérose, etc. Ces eaux ne doivent pas être consommées quotidiennement mais uniquement dans le cadre de cures thermales.

Pour être qualifiée d'*eau médicinale*, une eau doit présenter au moins 1 g de substances minérales par litre. Elle doit comporter une proportion particulièrement élevée d'iode, de fer ou de soufre, par exemple, et doit surgir du sol à une température supérieure à 20°C. Sur la bouteille, l'étiquette doit indiquer sa composition exacte.

Il existe d'excellentes eaux médicinales qui ont une action positive sur des maladies extrêmement variées. Dans des essais cliniques, on a reconstitué précisément la composition minérale de ce type d'eau « miraculeuse ». Mais cette eau reconstituée a été totalement inefficace, démontrant que son action thérapeutique ne tenait donc pas seulement à la seule présence des minéraux. On suppose l'existence, dans ces sources, d'« énergies positives » et de « vibrations » difficiles à mettre en évidence. Nous sommes de nouveau confrontés au mystère de la qualité physique et intrinsèque de l'eau.

Évaluation sur le plan sanitaire et écologique

L'eau du robinet doit respecter certaines valeurs limites, par exemple, ne pas contenir plus de 50 mg/l de nitrates. Concernant l'eau minérale naturelle, aucune valeur limite maximale n'est fixée. Si elle contient moins de 10 mg de nitrates par litre, il suffit simplement que la mention *Convient à l'alimentation des nourrissons* figure sur l'étiquette. Elle peut contenir n'importe quel taux de nitrates à partir du moment où ils sont présents naturellement dans la source.

En pompant artificiellement l'eau à de grandes profondeurs, l'homme intervient dans un équilibre écologique fragile. Il n'est pas rare que ces pompages entraînent une baisse du niveau de la nappe souterraine. Autour des installations de pompage, on observe parfois une pénurie d'eau étant donné qu'elle est souvent pompée abusivement en grande quantité.

Pour un litre d'eau minérale embouteillée, il faut utiliser 6 à 20 litres d'eau si l'on prend en compte les pertes dues au pompage, éventuellement l'eau (additionnée de produits chimiques) pour laver les bouteilles en verre ainsi que l'eau pour l'étiquette, sans parler de la consommation d'énergie pour faire fonctionner les installations. Avec la production des bouteilles et le transport, la consommation peut s'élever à 50 litres d'eau par litre d'eau minérale.

Quelques indications pour mieux comparer les eaux :

Eau embouteillée	**en France**	**en Bavière**
Teneur en sodium	4 mg/l	1 040 mg/l
Teneur en bicarbonate	73 mg/l	1 400 mg/l

Valeur limite du sodium pour l'alimentation des nourrissons : 20 mg/l.

Le traitement de l'eau au niveau microbien et chimique par le consommateur lui-même prend donc de plus en plus d'importance. Pouvoir disposer à domicile de sa propre régie des eaux présente bien des avantages : pas de pompage de l'eau, pas d'embouteillage, pas de transport, pas de perte de qualité à cause du stockage et du transport, pas de déplacement de bouteilles d'eau, pas d'entreposage des paquets. Et, sur le long terme, un système moins coûteux et respectueux de la nature !

L'acide carbonique

Il s'agit d'un acide faible qui apparaît lorsque le gaz carbonique (ou dioxyde de carbone, CO_2) se dissout dans l'eau. Ce dernier est un gaz incolore, avec un goût et une odeur légèrement acide. Il apparaît au cours des processus de combustion (bois, charbon, hydrocarbures, etc.) et lors de la dissolution des carbonates (calcaire par exemple) sous l'action d'acides plus puissants. Ce gaz est également un métabolite des organismes vivants ; il est expulsé de nos poumons au moment de l'expiration. Incombustible, le gaz carbonique est 1,5 fois plus lourd que l'air. Une fois dissous dans l'eau, il se transforme en acide carbonique selon la formule $CO_2 + H_2O = H_2CO_3$.

Relation entre l'acide carbonique et le calcaire

Dans l'eau, l'acide carbonique naturel est présent sous trois formes : premièrement, sous forme d'*acide carbonique libre* qui maintient le calcaire en solution. La dureté carbonatée correspond à la teneur en calcium et en magnésium de l'eau. Ces éléments posent des problèmes bien connus car ils se déposent sur les canalisations, les récipients, les casseroles, le carrelage et les robinets. La dureté carbonatée est considérée comme une dureté temporaire car les solutions à base de calcium, de magnésium et d'acide carbonique sont très instables. Elles précipitent facilement et contribuent à former le tartre tant redouté. En effet, l'acide carbonique libre ne retient que faiblement les ions calcium et magnésium en solution.

La deuxième forme de l'acide carbonique dans l'eau est appelée *acide carbonique combiné.* Comme son nom l'indique, il n'est pas disponible seul car il est associé à d'autres substances par une liaison solide.

La troisième forme de l'acide carbonique est appelée *acide agressif.* Excédentaire, libre et non combiné dans l'eau (associé à aucun minéral), cet acide s'attaque aux métaux et corrode le réseau de canalisations et les appareils, obligeant les usines de distribution d'eau à réaliser de coûteuses réparations. Pour protéger les conduites, les usines ajoutent donc dans l'eau de faibles quantités de phosphates et de silicates qui neutralisent cet acide agressif.

Relation entre le dioxyde de carbone et l'oxygène

Dans la nature, le gaz carbonique (CO_2) et l'oxygène (O_2) sont intimement liés. Dans le corps humain, l'oxygène inspiré parvient dans les alvéoles pulmonaires où il passe dans le sang. De là, il est solidement arrimé sur les globules rouges par l'hémoglobine puis amené dans les cellules sous forme d'oxyhémoglobine. Il oxyde alors le glucose par une combustion lente et, avec l'aide d'enzymes, il le convertit en dioxyde de carbone et en eau. L'énergie libérée lors de cette transformation sert à entretenir les processus vitaux, le travail musculaire et la chaleur corporelle. Le dioxyde de carbone est transporté par le sang jusque dans les poumons puis expiré en tant que métabolite. Pour notre organisme, le dioxyde de carbone est considéré comme un déchet qui, fort heureusement, est absorbé par les végétaux. Ceux-ci le métabolisent à leur tour et le transforment en oxygène.

Problème de l'ajout artificiel d'acide carbonique

L'eau contient toujours de l'oxygène dissous sauf dans les eaux de puits ou de source exceptionnelles qui contiennent du dioxyde de carbone naturellement dissous. En revanche, ce gaz n'a rien de naturel s'il est injecté artificiellement sous pression dans l'eau potable. Cette mauvaise habitude date d'il y a quelques dizaines d'années, au moment où la vente d'eau embouteillée est peu à peu devenue intéressante et lucrative. On s'est aperçu que l'eau contenant de l'oxygène dissous ne se conservait pas très longtemps. Mais elle devait rester potable pendant deux ans afin d'être commercialisée facilement. On a alors cherché une solution peu onéreuse et « naturelle » : on a remplacé l'oxygène perturbateur par de l'acide carbonique injecté sous pression. De cette manière, l'eau en bouteille pouvait se conserver très longtemps, les germes éventuellement présents étant détruits.

Avec cette technique, on introduit dans l'organisme un produit de dégradation du métabolisme. Bien entendu, le corps élimine ce dioxyde de carbone mais au prix d'un effort plus important. Mises à part ces considérations, l'acide carbonique n'est ni plus ni moins qu'un acide. Étant donné que la plupart des individus sont aujourd'hui confrontés à un problème d'acidification, il vaudrait mieux éviter cet apport d'acide supplémentaire. Toutefois, la publicité s'est chargée d'associer dans notre esprit la sensation de picotement de l'eau gazeuse à la notion d'eau pétillante et rafraîchissante. Aucun animal n'accepterait de boire une telle eau, seuls les hommes sont assez insensés pour le faire !

La plupart des eaux plates ne sont pas aussi plates qu'elles en ont l'air. Le dioxyde de carbone y est très finement réparti si bien qu'on le sent à peine. Il ne pétille pas du tout mais il est pourtant bel et bien présent dans des proportions aussi élevées que dans l'eau gazeuse.

Seules les véritables eaux de source provenant de sources artésiennes sont exemptes d'acide carbonique et de tout autre conservateur. Ce sont leurs excellentes qualités physiques qui leur permettent de rester consommables longtemps. Nous aborderons plus en détail dans le chapitre 7 cette notion essentielle de qualité physique de l'eau.

Afin de pouvoir les commercialiser sans difficulté pendant plusieurs mois, toutes les autres eaux embouteillées doivent être conservées par des moyens artificiels, que ce soit en injectant de l'acide carbonique, en exposant l'eau à des rayons UV, à des rayonnements radioactifs ou en l'ozonisant. Il est absolument scandaleux que le consommateur ne soit pas informé de ces méthodes de conservation.

Si nous souhaitons aider notre organisme, il vaut mieux renoncer à l'acide carbonique dans l'eau.

Problème de l'ajout artificiel d'oxygène

Vu sous un angle manichéen, on serait tenté de dire que l'acide carbonique est toujours néfaste et l'oxygène toujours bienfaisant. Les choses ne sont pas aussi simples. Les eaux enrichies en oxygène, actuellement à la mode et très prisées par les sportifs, font peser un risque sur la santé. Dans sa forme pure, l'oxygène est un élément très oxydant* ; une fois dans l'organisme, en particulier sous la forme de « radical libre », il agresse les cellules, déclenchant parfois même des cancers. Même si l'oxygène est indispensable à notre survie, il n'a pas la même action selon le nombre d'atomes d'oxygène dans une molécule.

Nous avons déjà vu (au chapitre 2, *L'oxygène*) que l'oxygène ne se comporte pas du tout de la même manière selon qu'il est

* Oxydant : occasionnant une liaison avec l'oxygène ou l'établissant de force (du grec *oxus*, « acide », et *genesis*, « création »). La rouille, par exemple, est une oxydation du fer.

Une eau naturelle contient toujours de l'oxygène dissous.

sous forme d'un atome (radical), de molécule diatomique (oxygène atmosphérique) ou de molécule triatomique (ozone). Ces comportements spécifiques ne s'expliquent pas seulement par ces différences moléculaires : les atomes d'oxygène se distinguent également par leur nombre de neutrons. L'oxygène 18 contient deux neutrons de plus que l'oxygène 16 – plus courant dans la nature et plus léger. Les *isotopes** – par exemple l'oxygène 18 et l'oxygène 16 – sont des éléments qui possèdent des propriétés chimiques identiques mais qui diffèrent par leurs propriétés physiques (masse différente, etc.). Cette différence de masse atomique permet de séparer les isotopes d'un même élément par centrifugation, par exemple.

Ces spécificités isotopiques sont à la base des différences fondamentales entre l'injection sous pression de l'oxygène dans l'eau et son aspiration par un tourbillon. L'injection sous pression enrichit l'eau en oxygène 16 contrairement au tourbillon qui l'enrichit faiblement en oxygène 18 lourd, la rendant plus facile à métaboliser. Les chapitres 7 et 11 aborderont plus en détail ce sujet.

Dans les boissons oxygénées pour sportifs, la concentration en oxygène est bien trop forte. L'eau du robinet contient environ 5 à 10 mg d'oxygène par litre, les cours d'eau s'écoulant et tourbillonnant naturellement 15 à 20 mg/l et les boissons enrichies en oxygène 80 à 200 mg/l, voire plus. Cette proportion excessive fait prendre un risque très élevé de formation de radicaux libres agressifs et destructeurs dans l'organisme.

Les minéraux

Depuis des décennies en Allemagne, média, médecins, caisses d'assurance maladie et pouvoirs publics considèrent l'eau potable comme une source naturelle de minéraux garantissant un apport

* Isotope : chacun des éléments de même numéro atomique mais de masse atomique différente ; les différents isotopes d'un même élément occupent la même place dans la classification périodique des éléments de Mendeleïev bien qu'ils diffèrent par certaines de leurs propriétés (du grec *isos*, « égal », et *topos*, « lieu, place »). Les chiffres permettant de différencier les isotopes de l'oxygène indiquent le nombre total de protons et de neutrons dans le noyau atomique. Le noyau de l'oxygène 16, le plus présent dans la nature, comporte huit protons et huit neutrons tandis que l'oxygène 18, plus rare, comprend huit protons et dix neutrons.

certain dans notre organisme. Or, en France et en Italie, on recommande au contraire des eaux très faiblement minéralisées. Alors, que penser des minéraux dans l'eau ?

Minéraux anorganiques

Dans la plupart des cas, les minéraux sont présents dans l'eau sous forme de « solution moléculaire », c'est-à-dire sous forme d'ions individuels dissous ou de particules solides cristallines. On parle de minéraux *anorganiques* car ils proviennent d'acides de la nature « non vivante » comme par exemple l'acide chlorhydrique, l'acide carbonique, l'acide phosphorique, l'acide sulfurique, l'acide silicique, etc. Il existe également des minéraux *organiques* qui, eux, proviennent de la nature « vivante ». On les retrouve dans les céréales, les graminacées, les légumes secs, les fruits à écale, les graines, les épices, les fines herbes, les légumes ou les fruits.

Les minéraux anorganiques proviennent des roches et de la terre sur lesquelles s'est écoulée l'eau. Parmi ces minéraux citons les nitrates, les carbonates, les chlorures, les phosphates ou les sulfates. Le calcaire est également anorganique.

Le calcaire

Une « eau dure » est une eau contenant du calcaire. Celui-ci détermine la dureté non carbonatée et la dureté carbonatée, la somme de ces deux types de dureté formant la dureté totale.

La *dureté non carbonatée* correspond à une dureté stable dans l'eau ; elle est également désignée par les termes de *dureté permanente*, de *dureté résiduelle* ou de *dureté due aux sulfates.* Elle est due aux sels de calcium et aux sels de magnésium. Ces sels sont appelés *nitrates* s'ils sont issus de l'acide nitrique et *sulfates* s'ils sont issus de l'acide sulfurique.

La dureté non carbonatée est due aux nitrates de calcium ($Ca(NO_3)_2$) et de magnésium ($Mg(NO_3)_2$), et aux sulfates de calcium ($CaSO_4$) et de magnésium ($MgSO_4$). Ces composés sont durablement et parfaitement bien dissous dans l'eau et ne représentent aucun danger pour les canalisations. Ce type de dureté peut encore être évaluée même après avoir chauffé l'eau. Des résidus secs apparaissent seulement lorsque l'eau s'évapore.

Contrairement à la dureté non carbonatée, la *dureté carbonatée*, également appelée *dureté temporaire*, pose de nombreux problèmes.

Les composés qui la déterminent sont instables dans l'eau ; ils se déposent sur les canalisations dans des conditions de température normales et contribue à leur entartrage. Ils entartrent aussi tous nos ustensiles de cuisine, nos machines à laver, nos lave-vaisselle, nos radiateurs, etc. Dans tous ces appareils, les bicarbonates de calcium ($Ca(HCO_3)_2$) ou de magnésium ($Mg(HCO_3)_2$) solubles dans l'eau se transforment en carbonates de calcium ($CaCO_3$) ou de magnésium ($MgCO_3$) insolubles dans l'eau.

Autrefois, le problème du calcaire dans l'eau était aggravé par l'utilisation du savon pour laver le linge. Le savon se liait au calcaire pour former du savon calcaire. Plus l'eau était dure, plus il fallait utiliser une quantité importante de savon. Le savon calcaire se déposait sur les fibres des tissus et tachait le linge. Pour cette raison, les lessives modernes ne comportent plus de savon mais des détergents de synthèse insensibles à la dureté de l'eau. Elles ont ainsi résolu le problème du jaunissement et de l'odeur de moisi mais elles sont beaucoup moins biodégradables. Un problème mineur a été remplacé par un autre, plus grave et plus dommageable pour l'environnement.

La dureté s'exprime par le titre hydrotimétrique (TH), mesuré en degrés français (°F). Un degré français correspond à 4 mg/l de calcium ou à 2,4 mg/l de magnésium.

0 - 4°F =	**eau très douce**
4 - 8°F =	**eau douce**
8 - 12°F =	**eau moyennement dure**
12 - 18°F =	**eau relativement dure**
18 - 30°F =	**eau dure**
supérieur à 30°F =	**eau très dure**

Toutes les méthodes utilisées pour résoudre ce problème d'entartrage sont détaillées dans le chapitre 10.

Minéraux organiques

Dans la nature, les micro-organismes et les végétaux absorbent les minéraux anorganiques contenus dans le sol sous forme de sels anorganiques dissous. Après une transformation biochimique, les minéraux anorganiques, comme par exemple le carbonate de sodium (dissous en ions Na^+ et CO_3^-), sont « chélatés », c'est-à-dire transformés en une forme organique. Le Na^+ est ainsi réarrangé en étoile par des acides aminés spécifiques des végétaux. Selon les acides aminés impliqués dans le processus, on parle de *lactate*, de *citrate*, d'*orotate*, etc. Ainsi transformés, les minéraux anorganiques sont plus faciles à assimiler et à métaboliser par l'organisme humain et animal.

Après plusieurs centaines d'années, lorsque l'eau mature d'une source artésienne remonte naturellement à la surface sous l'effet de sa propre pression, elle contient de nombreux minéraux dissous et amorphes. Les cristaux des minéraux anorganiques ont été transformés en formes rondes et douces, nettement visibles au microscope. Ci-contre, en haut, on voit des cristaux de calcaire. Sur la photo du bas, on reconnaît de petites formes rondes : les cristaux se sont dissous en éléments informes et amorphes. On parle de minéraux *colloïdaux* (voir *Le colloïde et les états colloïdaux* au chapitre 7).

Comme sont absorbés les minéraux dans l'organisme ?

Seuls les minéraux les plus petits sont absorbés et métabolisés par notre corps en tant que « solution moléculaire » (ions dissous individuellement), comme par exemple le sel gemme ou le sel cristallin. En revanche, l'organisme absorbe beaucoup plus fréquemment et plus facilement les minéraux liés organiquement, les chélates, et ceux sous forme colloïdale. De plus, sous cette forme, l'organisme peut les métaboliser plus facilement ou éliminer les excédents. Lorsqu'ils sont présents dans les aliments, comme par exemple les céréales, les fruits, les légumes ou les produits laitiers, les minéraux sont intégrés dans des liaisons organiques. Les minéraux d'origine végétale possèdent un taux de résorption, c'est-à-dire de quantité assimilable, d'environ 98%. Les minéraux d'origine animale ont un taux nettement plus faible. Les minéraux présents sous forme colloïdale dans l'eau sont exploitables à 98% par l'organisme. À l'inverse, seuls 3 à 5% des nombreux minéraux anorganiques de l'eau potable peuvent être absorbés par les cellules, et uniquement en cas de nécessité. Le reste est considéré comme des déchets et difficilement éliminé. Dans les cas favorables, ils sont éliminés par les voies normales mais, lorsque cette élimination est incomplète, ils se déposent ou sont stockés provisoirement, surtout dans les tissus conjonctifs mais aussi dans les artères et les articulations. Ici, leur présence est plus ou moins toxique et peut entraîner l'apparition de troubles.

Minéral cristallin dans l'eau, vu au microscope, grossi 150 fois.

Depuis de nombreuses années, des fabricants de remèdes naturels proposent des minéraux intégrés dans des liaisons organiques. Ainsi, le calcium provenant de préparations à base d'ortie est bien mieux assimilable que les comprimés effervescents élaborés à partir de roche calcaire. Les médecins et les scientifiques, surtout en France et aux États-Unis, sont de plus en plus convaincus que la plupart des minéraux doivent être liés organiquement pour être plus facilement absorbés par les cellules. De plus en plus de minéraux colloïdaux sont commercialisés, notamment le dioxyde de silicium colloïdal ainsi que des minéraux colloïdaux provenant des montagnes Rocheuses.

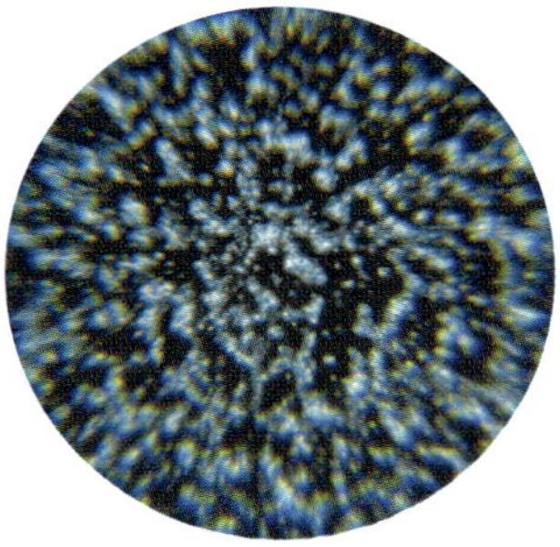

Minéral amorphe et colloïdal dans l'eau, vu au microscope, grossi 150 fois.

De nombreux minéraux anorganiques peuvent être toxiques et bloquer la capacité d'absorption de l'eau qui ne peut plus assurer correctement sa fonction de détoxication. De plus, boire une eau riche en minéraux pendant de longues années peut surcharger les reins. De nombreux minéraux présents dans l'eau du robinet, les eaux minérales et l'eau de table ne sont donc pas forcément bénéfiques pour notre organisme.

Seule une eau faiblement minéralisée et dotée d'excellentes qualités physiques est capable de débarrasser l'organisme des minéraux excédentaires et de l'oxygéner au sens strict du terme. Une décalcification des os n'est pas à craindre car nos besoins en minéraux sont en grande partie couverts par une alimentation saine et de qualité, le mieux étant de consommer des aliments issus de l'agriculture biologique.

Dans tous les cas, ni l'eau du robinet ni l'eau minérale ne peuvent couvrir nos besoins journaliers en minéraux.

Elles contiennent des minéraux en quantité relativement faible, à l'exception du calcaire et du sel (chlorure de sodium, NaCl) qui peuvent être présents avec des concentrations assez élevées. Un verre de lait contient autant de calcium et de magnésium que vingt litres d'eau potable. Ainsi, même si les minéraux présents dans l'eau étaient vitaux, nous ne pourrions pas en absorber la quantité nécessaire rien qu'en buvant de l'eau.

En résumé: notre organisme absorbe très bien les minéraux liés organiquement présents dans les aliments comme les céréales, les fruits et les légumes. Il absorbe moins bien ceux issus des produits laitiers et autres produits d'origine animale. En revanche, il assimile de manière optimale les minéraux dispersés dans l'eau sous forme colloïdale. Cependant, de nombreux minéraux anorganiques, tels qu'ils sont présents dans l'eau du robinet, dans l'eau de table et l'eau minérale, surchargent l'organisme. Seuls des minéraux parfaitement dissous, comme le sel gemme ou le sel cristallin, peuvent être assimilés comme une solution moléculaire (ions dissous individuellement) puis métabolisés. Les minéraux anorganiques non utilisables sont en partie éliminés mais ils sont le plus souvent stockés dans l'organisme, au même titre que les autres substances inutilisées. Cette accumulation de dépôts entraîne au fil du temps l'apparition de pathologies connues.

Une eau faiblement minéralisée, exempte de toute toxine et dotée d'excellentes qualités physiques, notamment d'une grande surface interne, est un moyen de transport et un solvant idéal. Elle a une action nettoyante et détoxicante et représente une condition préalable au bon fonctionnement de l'organisme. Pour évaluer la qualité de l'eau dans son ensemble, il faut tenir compte aussi bien de ses qualités physiques internes que de ses qualités chimiques (voir le chapitre 7).

Les microminéraux d'origine végétale

Depuis de nombreuses années, les spécialistes multiplient les avertissements sur la diminution de nutriments importants, surtout les minéraux et les oligoéléments, dans notre alimentation quotidienne. Les pluies acides ainsi que l'agriculture intensive qui emploie des engrais chimiques, des pesticides et autres substances polluantes, ont éliminé des sols les minéraux importants comme le zinc, l'iode, le chrome, le sélénium, le magnésium, le molybdène, le germanium, le manganèse et toute une palette d'éléments vitaux pour notre santé. En outre, les tracteurs et les engins agricoles extrêmement lourds tassent le sol depuis de nombreuses décennies sur plusieurs mètres de profondeur. Ce tassement empêche l'eau riche en minéraux provenant des nappes profondes de remonter en surface. La terre, ainsi privée de matières organiques et de minéraux, perd sensiblement de sa fertilité naturelle. Ces sols appauvris et lessivés ne permettent plus le développement de végétaux sains et riches en minéraux. C'est pourquoi la teneur en minéraux, en oligoéléments et en substances vitales diminue chaque jour davantage dans nos aliments.

Le professeur Heinz Liesen, spécialiste des questions alimentaires, avance une autre explication concernant la carence en substances nutritives d'origine végétale : « La croissance des plantes est tellement forcée par la culture intensive et la sélection génétique qu'elles ne peuvent plus ni absorber ni construire de matières constitutives (*Welt an Sonntag*, 31.08.97) La qualité est victime de la quantité. »

Certes, l'agriculture biologique occupe aujourd'hui le devant de la scène. Mais les agriculteurs ayant choisi ce mode de culture subissent eux aussi les conséquences de la pollution environnementale et du lessivage des minéraux par les pluies acides et le tassement des sols. Une étude de l'ONU, réalisée en 1992, montre que la diminution catastrophique des minéraux dans la terre s'est produite sur tous les continents au cours des dernières décennies, dans les pourcentages suivants :

Australie	55%
Europe	72%
Afrique	74%
Asie	76%
Amérique du Sud	76%
Amérique du Nord	85%

Source : *Rapport* du Sommet de la Terre de l'ONU, Rio-de-Janeiro, Brésil, 1992.

Les importantes pertes en minéraux et en oligoéléments, essentiels pour notre santé et notre vitalité, sont une menace pour le bien-être des hommes.

Une autre étude, menée pendant onze ans par la société Ciba-Geigy, démontre une nette diminution des différentes substances nutritives dans les légumes et les fruits. Dans la plupart des végétaux, la teneur en minéraux a chuté d'environ 40% (*Trace Elements and Electrolytes*, vol. 15, n°2, 1998).

Selon une enquête de la Deutschen Gesellschaft für Ernährung (Association allemande pour la nutrition), la teneur en magnésium d'une alimentation courante est plus faible d'environ 18% par rapport à ce qu'elle devrait être d'après les tableaux de valeurs nutritives en vigueur. De nos jours, nous manquons presque tous de magnésium et beaucoup d'individus présentent une importante carence en soixante autres minéraux et oligoéléments qui ont une importance capitale pour notre maintien en bonne santé.

Les scientifiques savent que la plupart des enzymes et des neurotransmetteurs ne peuvent fonctionner de manière optimale sans la présence de minéraux et d'oligoéléments. En cas de carence, nous la ressentons non seulement sur le plan physique mais aussi psychique. Nous nous plaignons de fatigue, d'apathie, de manque de concentration, de sautes d'humeur et d'irritation. Nous sommes moins résistants, nous avançons péniblement tout au long de la journée et nous avons recours au café, à la cigarette et aux sucreries pour nous donner du courage.

Une palette d'oligoéléments tels que le chrome, le vanadium, le zinc, le sélénium et le lithium joue un rôle essentiel pour notre bien-être émotionnel. Sans eux, les neurotransmetteurs (messagers assurant la transmission de l'influx nerveux) ne sont plus fabriqués correctement. Les processus intellectuels sont altérés tandis que les sautes d'humeur et la dépression s'amplifient. Pour pouvoir être épanoui, il faut certes jouir d'un certain équilibre psychologique mais aussi posséder des neurotransmetteurs pleinement fonctionnels. Pour cela, ceux-ci ont besoin d'être approvisionnés en oligoéléments essentiels ainsi qu'en quelques vitamines du complexe B.

Le corps humain produit toute une série d'hormones pour se protéger contre le stress. En cas de carence en nutriments, ce mécanisme est défaillant; nous souffrons alors du stress et du syndrome d'épuisement professionnel. Un apport optimal en microminéraux colloïdaux d'origine végétale permettrait d'éliminer ce stress, ou du moins de l'atténuer, tant que ses causes psychologiques perdurent.

Le taux de résorption des minéraux

Les hommes et les animaux ont besoin de minéraux organiques que les végétaux ont préalablement absorbés dans le sol puis métabolisés. Dans le monde agricole, on sait depuis longtemps que les minéraux et les oligoéléments sont indispensables à la bonne santé des animaux bien que ceux-ci ne souffrent pas des conséquences de la « malbouffe », de la consommation de café et de sodas... En leur apportant des minéraux tels que chrome, molybdène, manganèse, sélénium, zinc, iode, cobalt, soufre, cuivre, magnésium et calcium, les vétérinaires sont parvenus à réduire sensiblement des maladies comme le cancer, l'insuffisance immunitaire, l'insuffisance du tissu conjonctif, l'arthrite, les avortements spontanés, les mises bas prématurées, l'agressivité, les maladies cardiaques cutanées et musculaires. Les vétérinaires ont administré aux animaux des minéraux chelatés, c'est-à-dire liés organiquement à d'autres éléments, afin d'augmenter la résorption des minéraux dans leur organisme. Les liaisons chelatées peuvent être fabriquées artificiellement en laboratoire, en associant des minéraux anorganiques à des acides aminés. Le taux de résorption passe de 3 à 8% pour les minéraux anorganiques seuls à 20 à 30% pour les minéraux chelatés.

Les minéraux colloïdaux

Les minéraux colloïdaux sont un avatar particulier des minéraux. Il s'agit de minéraux naturellement dissous qui n'existent pas en « solution moléculaire », c'est-à-dire sous forme d'ions dissous individuellement. Cinq mille fois plus petits qu'un globule rouge, ils consistent en de minuscules particules dont la taille varie autour de 200 nm. Les colloïdes sont une réticulation lâche de plusieurs particules ou de complexes moléculaires répartis dans un milieu, dans ce cas l'eau. Les états colloïdaux ne sont pas des solutions au sens traditionnel du terme.

Vu leur taille, on comprend aisément que ces structures microscopiques puissent être très facilement absorbées et transportées par les cellules et, si besoin est, de nouveau éliminées. Les micro-organismes et les végétaux fabriquent des minéraux colloïdaux en métabolisant des minéraux anorganiques. Dans l'eau des sources artésiennes, les minéraux se présentent déjà sous forme colloïdale. Ces colloïdes, généralement présents en très faible quantité, ont été soumis au même traitement que l'eau dans les couches profondes du sol et deviennent peu à peu matures.

Les minéraux colloïdaux sont naturellement présents dans les montagnes Rocheuses. Dans cette région du continent américain, une forêt ombrophile a été ensevelie sous des éruptions volcaniques. Au cours de millions d'années, les matières organiques végétales de la forêt ne se sont pas fossilisées mais se sont dissoutes dans l'eau. Dans les sources de ce massif montagneux, on a décelé un mélange d'environ soixante-dix minéraux colloïdaux et oligoéléments différents.

Les eaux de fonte des glaciers – qu'on appelle parfois *lait de glacier* ou *laitier* – sont riches en minéraux colloïdaux.

À condition que leur structure soit amorphe et d'une grande finesse, les minéraux colloïdaux et les oligoéléments possèdent un taux de résorption de 95 à 98%. Du point de vue biologique, ce sont les minéraux que les organismes végétaux, animaux et humains peuvent assimiler le plus parfaitement.

Serait-ce le secret de la longévité de certains peuples indigènes? Caractérisés par une excellente santé et une forte vitalité, ces peuples vivent jusqu'à plus de cent ans, parfois même jusqu'à cent quarante ans, sans souffrir de pathologies dégénératives comme l'infarctus du myocarde, les rhumatismes et le cancer, qui minent les Occidentaux. Parmi ces peuplades, les plus connues sont les Hunza du Pakistan, qui vivent en moyenne jusqu'à cent ans en excellente santé!

Outre la présence de nombreux minéraux colloïdaux et d'oligoéléments, l'eau des glaciers possède tous les critères physiques attestant d'une eau de qualité: clusters et gouttes d'eau de petite taille, importante surface interne, grande énergie liée à celle-ci et quantité élevée d'oxygène naturellement dissous. Comme l'eau de fonte au pied du glacier est très ancienne, elle reste encore largement épargnée par la pollution environnementale.

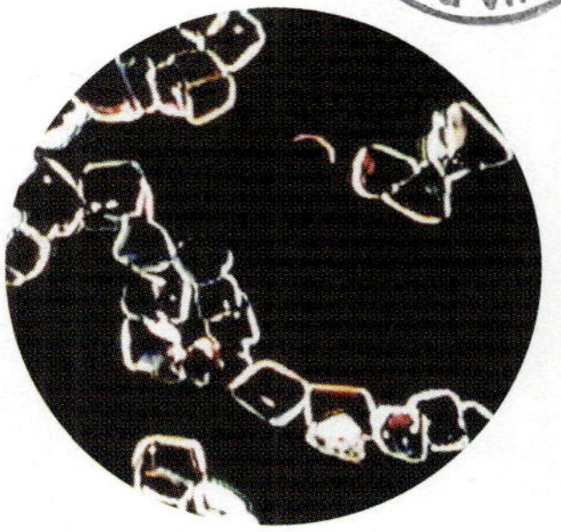

Taille des minéraux cristallins, grossis 1 600 fois.

Taille des minéraux colloïdaux, grossis 1 600 fois.

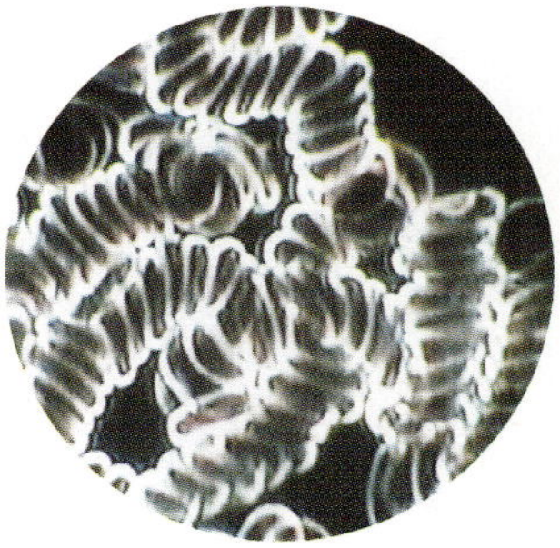

Taille des globules rouges, grossis 1 600 fois.

Gauche: L'agate est créée à partir d'acide silicique colloïdal.

Droite: Les glaciers : de gigantesques réservoirs d'eau potable d'excellente qualité.

Le dioxyde de silicium sous forme de microminéral colloïdal

Le dioxyde de silicium, parfois appelé improprement *acide silicique*, est un parfait exemple de minéral colloïdal. La silice (du latin *silex, silicis*, « silex », toute pierre dure) est un élément vital présent dans beaucoup de minéraux, de plantes, de tissus animaux et humains. Elle est le deuxième élément le plus présent dans la croûte terrestre (25%) après l'oxygène (50%). Le sable, le quartz, le cristal de roche et le mica sont des composés à base de silice qui ne sont guère utilisables par l'organisme humain. Ces composés sont en grande partie insolubles.

L'organisme a au contraire besoin de dioxyde de silicium dissous et finement réparti sous forme colloïdale. Le dioxyde doit être transformé par les végétaux et ainsi être disponible sous forme colloïdale ou bien être préparé par une technique spécifique. Le dioxyde de silicium colloïdal (SiO_2) est synonyme de croissance, de soutien et de stabilité. Une carence en ce minéral peut être à l'origine de certains troubles.

Les céréales absorbent les eaux dotées de bonnes qualités physiques remontant des grandes profondeurs avec du dioxyde de silicium colloïdal. Celui-ci est donc présent en quantité suffisante dans de nombreux aliments. Mais depuis presque un siècle maintenant, le travail intensif des sols empêchant l'eau de remonter à la surface et le phénomène mondial des pluies acides ont considérablement appauvri les terres. On a constaté que la teneur en silicium dans les céréales a chuté de plus de 50% au cours du dernier siècle.

Pour s'alimenter sainement et rester en bonne santé, il faut consommer des oligoéléments de très haute qualité et en quantité suffisante. Le silicium, sous forme d'acide silicique colloïdal, joue un rôle central dans le corps humain. Il est présent dans tous les types de tissus conjonctifs et donc pratiquement dans tous les organes et les vaisseaux sanguins ainsi que dans la peau, les cheveux et les ongles. Comme tout système colloïdal, sa quantité diminue avec l'âge. Un apport suffisant de silicium colloïdal fait disparaître tous les signes de carence et élimine beaucoup de troubles.

Dans l'eau, le dioxyde de silicium colloïdal forme un état intermédiaire entre une solution et un mélange laiteux, légèrement brillant. Si l'on ajoute de l'eau, le mélange se dilue très facilement, ce qui simplifie sa prise par voie orale. Du fait de son taux de résorption élevé, le dioxyde de silicium colloïdal n'est nécessaire qu'en infime quantité dans l'organisme.

Le silicium disponible dans le commerce, également appelé *terre d'infusoire*, *tripoli siliceux* ou encore *kieselguhr*, est une matière gélatineuse. Dans ce cas, la solution colloïdale est tellement concentrée qu'elle ne peut plus revenir à l'état liquide en la diluant dans l'eau. Le taux de résorption de ces produits est très faible, le plus souvent inférieur à 5%, contrairement à celui du silicium colloïdal liquide qui est supérieur à 95%.

Les carences en minéraux

Comment savoir si le corps a besoin d'un apport en minéraux? Répondre aux questions suivantes peut donner quelques pistes:

- Ressentez-vous un besoin impérieux de manger des sucreries ou du chocolat en fin de repas?
- Ressentez-vous un besoin impérieux de manger du sel ou des chips?
- Avez-vous besoin de plusieurs tasses de café par jour?
- Êtes-vous dépendant de boissons à base de cola?
- Buvez-vous une grande quantité d'alcool?
- Êtes-vous fumeur?
- Êtes-vous parfois sujet à la boulimie?
- Ressentez-vous parfois une nervosité qui disparaît lorsque vous consommez les stimulants cités plus haut?
- Êtes-vous dépendant de drogues ou de médicaments?

Une réponse par l'affirmative à ces questions peut signifier un manque de minéraux et d'oligoéléments. Bien entendu, une carence en minéraux n'est pas toujours la (seule) raison expliquant les phénomènes cités ci-dessus mais il est très intéressant de constater quels troubles disparaissent lorsque des minéraux sont apportés à l'organisme.

Le manque de minéraux d'origine végétale, associé à un apport en eau insuffisant, entraîne une acidification générale et un affaiblissement des tissus conjonctifs, des cartilages et des os. Le corps s'engorge, le métabolisme s'affaiblit et le système immunitaire n'est plus en mesure d'assurer les défenses de l'organisme.

Les carences surviennent d'autant plus vite que le corps consomme les minéraux stockés dans les tissus conjonctifs, les os, les cartilages et les dents afin de neutraliser les acides. Il s'agit là d'un facteur essentiel de l'apparition de l'ostéoporose, de l'arthrose et de douleurs au niveau des disques vertébraux.

Absorber de petites quantités de minéraux d'origine végétale permet de dynamiser les processus enzymatiques et métaboliques. À bien des égards, le vieillissement est la conséquence d'un corps déshydraté, engorgé et acidifié. Mais prolonger nos belles années reste possible en stimulant le métabolisme, en détoxiquant et désacidifiant régulièrement le corps et en renforçant le système immunitaire.

Élimination des métaux lourds

Associés à une eau de bonne qualité, les microminéraux colloïdaux bioactifs éliminent des tissus les acides et les minéraux anorganiques. Comme le montrent les analyses de leurs cheveux, les personnes qui ont absorbé régulièrement pendant six mois des microminéraux d'origine végétale sont moins intoxiqués par les métaux lourds tels que le mercure et l'aluminium. Grâce aux minéraux, l'organisme devient plus basique ; cela signifie que les toxines, les métaux lourds et les dépôts de minéraux anorganiques (calcifiant les tissus) sont dépollués et éliminés. Les minéraux neutralisent les acides des aliments comme la viande, le sucre, le fromage, la limonade, l'alcool et la nicotine, puis stimulent leur élimination.

En résumé: les microminéraux sont présents dans les végétaux ou les sources artésiennes sous forme colloïdale. Les organismes

humains et animaux les assimilent et les métabolisent remarquablement bien. Lorsqu'ils font partie d'enzymes, ils jouent un rôle crucial dans le métabolisme et contribuent au bon fonctionnement des neurotransmetteurs (messagers de l'influx nerveux) dans notre cerveau et notre système nerveux. Associés à une eau de bonne qualité, ils aident à désintoxiquer notre corps et à éliminer les métaux lourds.

L'eau dissout en permanence des minéraux contenus dans les roches sur lesquelles elle s'écoule. Ces minéraux sont présents dans l'eau sous une forme assez difficilement résorbable.

Beaucoup de minéraux changent leur comportement chimique lorsqu'ils se trouvent dans une solution colloïdale. Étant donné qu'ils ne sont ni sous forme cristalline, ni sous forme d'ions individuels d'une solution moléculaire, ils peuvent atténuer, voire neutraliser, les effets nocifs d'un grand nombre de substances. Cette action perdure aussi longtemps que l'état colloïdal lui-même et n'est pas stoppée par une précipitation. Par conséquent, un organisme vivant s'efforcera toujours de maintenir cet état colloïdal. Lorsque cela n'est plus possible, par exemple à cause d'une acidification des tissus, des cristaux minéraux apparaissent et doivent être divisés en plus petits fragments pour être éliminés. Si cette étape échoue, ils sont stockés dans les tissus conjonctifs ou, plus grave encore, dans les articulations, les vaisseaux sanguins ou à l'intérieur des organes.

Une eau de très haute qualité chimique et physique aide l'organisme à maintenir ces états colloïdaux et à métaboliser les minéraux.

Une eau n'est pas interchangeable avec n'importe quelle autre et il en est de même pour les minéraux.

La valeur de la conductivité électrique

Pour juger de la qualité de l'eau, on se sert fréquemment de la valeur de sa conductivité électrique. Celle-ci correspond à l'inverse de sa résistance spécifique. La résistance est mesurée en ohms (Ω) tandis que la conductivité est mesurée en Siemens par mètre (S/m).

Une faible résistance est synonyme d'une forte conductivité alors qu'une grande résistance implique une faible conductivité. Si l'eau contient une proportion élevée de sels et de calcaire dissous, sa résistance électrique sera faible et sa conductivité forte. Elle s'élèvera par exemple à 2 500 µS/m (micro-Siemens par mètre). À l'inverse, une eau osmosée, débarrassée de la plupart des sels et du calcaire, présentera une forte résistance électrique et une faible conductivité, par exemple 10 µS/m.

La valeur de la conductivité permet simplement de connaître la proportion de sels sous forme d'ions dissous. Elle ne permet en aucun cas de juger de la qualité physique de l'eau car il s'agit d'une mesure purement quantitative des ions. Ceux-ci sont répartis en ions positifs ou en ions négatifs qui rendent l'eau conductrice pour le courant électrique. Ainsi, la conductivité ne permet pas d'évaluer les substances non polaires électriquement neutres. Il en est de même pour les matières plastiques, les pollutions organiques, les toxiques, les agents de sapidité, les composants odorants, les bactéries, les virus, les champignons, etc.

La valeur du pH de l'eau

Le pH (abréviation de *potentiel d'hydrogène*) de l'eau permet de connaître l'acidité, la basicité ou la neutralité de l'eau.

Les chimistes partent du principe que la molécule d'eau n'est que faiblement soumise à la dissociation électrolytique*. Cela signifie qu'une faible proportion des molécules d'eau se dissocie en ions chargés électriquement. Les chimistes ont abouti à cette conclusion car une eau pure dépourvue de matières étrangères possède une conductivité électrique très faible. Ils partent de la réaction suivante :

$$H_2O \leftrightarrow H^+ + OH^-$$

L'eau (H_2O) se dissocie (se décompose) en ions hydrogène (H^+) et en ions hydroxyde (OH^-). Les ions hydrogène sont des protons libres ; si l'hydrogène devient un ion en cédant son électron, il ne lui reste plus que l'unique proton de son noyau. Les éléments qui abandonnent les ions H^+ sont appelés des *acides*. Les éléments avec des ions OH^- qui acquièrent des ions H^+ et qui peuvent former des liaisons sont appelés des *bases*. D'après l'équation ci-dessus, l'eau

* Dissociation électrolytique : division au cours de laquelle des particules chargées électriquement se créent ou sont séparées les unes des autres.

peut se décomposer en acide et en base (dissociation) ou, inversement, apparaître à la suite d'une réaction d'un acide et d'une base (neutralisation).

Dissociation : $H_2O \rightarrow H^+ + OH^-$
Neutralisation : $H^+ + OH^- \rightarrow H_2O$

Ces réactions se produisent en permanence dans l'eau. Les molécules ne se décomposent pas une fois pour toutes, laissant les ions stables dans la solution. Les processus de dissociation et de neutralisation se déroulent continuellement. Un équilibre dynamique se crée et entraîne une relation spécifique de l'eau non dissociée avec les ions dissociés.

Cette relation est justement définie par la valeur du pH, représentant le nombre d'ions H^+ dans la solution. L'échelle du pH s'étend de 0 à 14, le chiffre 7 correspondant à un pH neutre. Dans ce cas, l'eau contient autant d'ions H^+ que d'ions OH^-.

Le chiffre 7 correspond à la concentration en ions H^+ dans l'eau qui est de 10^{-7} (0,000 000 1). Si la concentration en ions H^+ augmente, alors la valeur du pH diminue. Par exemple, si le pH est égal à 3, la concentration est de 0,001 = 10^{-3}. Les solutions acides ont un pH inférieur à 7. En revanche, si la concentration en ions H^+ diminue tandis que celle en ions OH^- augmente, la valeur du pH devient plus grande. Une solution dans laquelle la concentration en ions H^+ est égale à 0,000 000 000 1 est alcaline, avec un pH de 10 (0,000 000 000 1 = 10^{-10}).

En résumé : lorsque la valeur du pH est égale à 7, on parle de solution *neutre*. Dans ce cas, la quantité d'ions H^+et d'ions OH^- est strictement égale.

Lorsque la valeur du pH est inférieure à 7, on parle de solution *acide*. Dans ce cas, la quantité d'ions H^+ est plus élevée.

Lorsque la valeur du pH est supérieure à 7, on parle de solution *alcaline*. Dans ce cas, la quantité d'ions H^+ est plus faible.

Pour être exact sur le plan scientifique, la valeur du pH correspond au logarithme décimal négatif de la valeur numérique de l'activité molaire des ions hydrogène.

Lorsque le pH baisse d'un point, cela signifie qu'il y a 10 fois plus d'ions H^+ dans la solution qu'avant. S'il baisse de deux points, il y

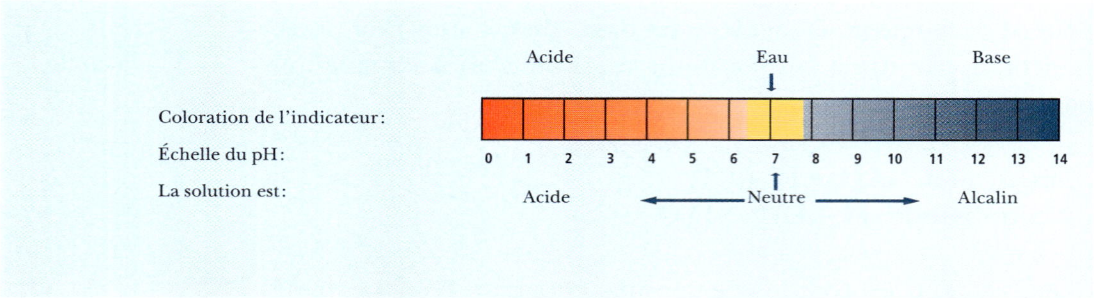

Valeur du pH:
0 = extrêmement acide
7 = neutre
14 = extrêmement alcalin

a 100 fois plus d'ions H^+, s'il diminue de trois points, il y a 1 000 fois plus d'ions H^+, etc.

À l'inverse, si le pH s'élève d'un point, cela signifie qu'il y a 10 fois plus d'ions OH^- qu'avant. S'il s'élève de deux points, il y a 100 fois plus d'ions OH^-, s'il s'élève de trois points, il y a 1 000 fois plus d'ions OH^-, etc.

Cette valeur ne décrit donc pas une augmentation ou une diminution linéaire de l'activité des ions H^+ et OH^- mais un rapport logarithmique. Un logarithme est le chiffre avec lequel une valeur fondamentale (ici de 10) doit être élevée à la puissance afin d'atteindre la valeur donnée. Le terme *logarithme* ne signifie rien d'autre que « rapport numérique » (du grec *logos*, « rapport », et *arithmos*, « nombre »).

Que cela signifie-t-il concrètement ?

- Un pH égal à 0 correspond à une solution extrêmement acide.
- Un pH égal à 7 correspond à une solution neutre.
- Un pH égal à 14 correspond à une solution extrêmement alcaline.

Pour faire évoluer le pH de 0 à 1, il faut une importante quantité d'ions OH^-. Pour le faire évoluer de 1 à 2, il ne faut plus qu'un dixième de cette quantité ; de 2 à 3, seul un centième est nécessaire, etc. Pour élever le pH de 6,5 à 7, par exemple, il ne faudra ajouter qu'une très faible quantité d'ions OH^-. Autour de la valeur 7, le pH change très vite car une faible quantité d'ions H^+ ou OH^- entraîne aussitôt l'apparition d'une nouvelle valeur du pH. S'il continue à s'élever, il faudra des quantités de plus en plus importantes d'ions OH^- pour modifier sa valeur.

La vie se concentre autour des valeurs allant de 5,5 à 8,5, c'est-à-dire tout près du pH neutre. Il suffit d'ajouter de très petites quantités d'acide ou de base pour sortir de cette zone neutre. La nature a mis au point des systèmes tampons pour se protéger contre de trop fortes valeurs acides ou basiques. Différents sels, tels que l'hydrogénocarbonate de calcium, stabilisent la valeur du pH car ils peuvent aussi bien se lier à des acides (ions H^+) qu'à des bases (ions OH^-). L'organisme maintient le pH du sang à une valeur constante, en utilisant ces minéraux tampons. Le pH du sang ne peut varier que de 0,06, entre 7,37 et 7,43. Les minéraux tampons ont donc un intérêt vital dans ce cas précis.

Il convient que l'eau potable possède un pH quasiment neutre. Lorsqu'il y a trop de calcaire dans l'eau, comme dans les Préalpes, le pH est légèrement basique à 7,5. Dans des régions où l'eau est très douce, le pH est alors légèrement acide, à environ 6,5. Lorsque le pH se situe entre 6,5 et 7,5, l'eau potable est de bonne qualité. À titre de comparaison, le pH de la pluie est aujourd'hui inférieur à 5, parfois même à 4 dans des régions particulièrement polluées. Les pluies acides sont un problème grave qui concerne toute la planète. Malheureusement, elles ne font absolument pas partie des priorités. Les pays industrialisés, notamment les États-Unis, refusent de baisser énergiquement leurs émissions de dioxyde de carbone et de dioxyde de soufre, pour ne pas porter atteinte aux intérêts de l'industrie, au progrès économique et aux profits financiers. Dans l'atmosphère, le dioxyde de

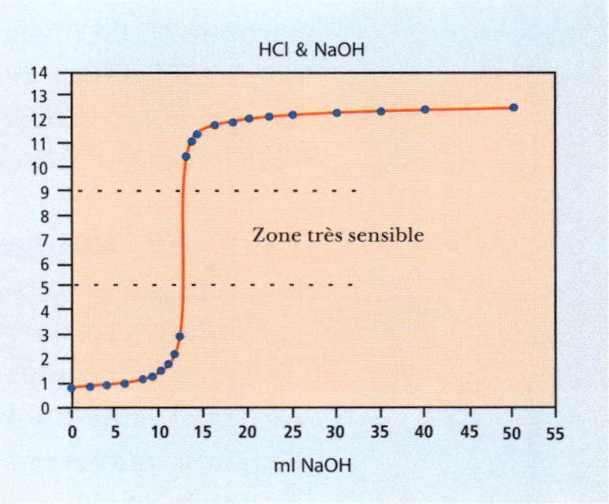

Courbe de titration : la valeur du pH varie très rapidement entre la valeur 5 et 9.

Solutions	Valeur de pH
Acide chlorhydrique 3,5%	0
Acide chlorhydrique 0,35%	1
Acide gastrique	2
Acide citrique	2
Essence de vinaigre	2
Vinaigre	3
Coca-Cola	3
Vin	4
Lait acide	4.5
Bière	5
Surface de la peau	5.5
Eau minérale	6
Eau pure	7
Sang	7.4
Eau de mer propre	8.3
Suc intestinal	8.3
Détergent en solution	10
Soude caustique 3%	14
Soude caustique 30%	15

Comparaison des valeurs de pH de différentes substances

carbone se lie à l'eau pour former de l'acide carbonique tandis que le dioxyde de soufre se transforme en acide sulfureux une fois associé à l'eau. Encore une fois, seuls les intérêts de l'industrie sont préservés, au détriment de ceux de l'homme et de notre planète.

L'eau en tant que solvant

Le processus de dissolution, par exemple du sel dans l'eau, est très surprenant et, bien qu'il nous soit familier, il peut être intéressant de l'étudier de plus près. L'eau parvient à décomposer la structure cristalline du sel en éléments si microscopiques que celui-ci disparaît totalement dans l'eau. Lorsqu'on examine une lampe en cristal de sel par exemple, on s'aperçoit que le cristal est très dur et très stable. On pourrait le broyer pendant des heures dans un mortier que l'on ne parviendrait pas à le décomposer aussi finement que l'eau.

Pour faire fondre le sel sous l'effet de la chaleur, c'est-à-dire dissoudre et détruire sa structure cristalline, il faut le chauffer à 800°C. On devine alors quelle quantité d'énergie considérable est nécessaire à l'eau pour le dissoudre. Si la structure cristalline du sel est si stable, c'est que les forces d'attraction électriques entre les ions sont très puissantes. Plus le point de fusion d'une matière est élevé, plus les forces de cohésion entre ses particules sont importantes.

Mais visiblement, ces forces d'attraction ne sont pas assez puissantes pour résister à l'eau. Elle s'infiltre jusqu'au cœur de la structure cristalline pour dissoudre les liaisons, ion après ion, jusqu'à ce que toutes les particules de sel flottent ça et là entre celles de l'eau.

Lorsqu'une substance parvient dans l'eau, ses forces de cohésion engagent une lutte intense contre les forces de dissolution de l'eau. Ce rapport de force tourne souvent en faveur de l'eau, sauf pour quelques matières capables de résister. On dit qu'elles sont *insolubles* dans l'eau, même s'il y a toujours quelques particules qui se dissolvent, notamment celles situées en périphérie ou celles qui ne sont pas vraiment intégrées dans la structure cristalline. C'est pourquoi on retrouve dans l'eau d'infimes traces de ces matières insolubles.

Mais la solubilité n'est pas seulement déterminée par le type de substances dissoutes. La qualité de l'eau peut influer sur sa capacité de dissolution. Une eau de qualité est ainsi capable de bien dissoudre plus de substances.

Pour expliquer ce phénomène de dissolution, nous devons de nouveau avoir recours au modèle atomique.

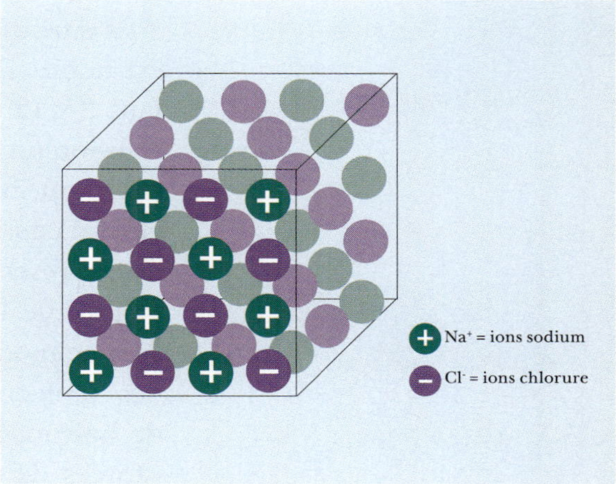

Représentation schématique simplifiée d'un cristal de sel (NaCl, chlorure de sodium) : structure en grille en forme de dé, composée d'ions chlorure négatifs et d'ions sodium positifs.

Les charges positives et négatives situées aux extrémités des molécules H_2O sont attirées par d'autres charges de polarité opposée. C'est ainsi que se forment des enveloppes de molécules d'eau autour des ions (particules électriquement chargées comme les ions sodium et chlorure du sel) ou autour de molécules polaires (comme l'alcool ou les molécules de savon). Par exemple, les molécules d'eau qui vont entourer les ions Cl^- présenteront les atomes d'hydrogène de la molécule d'eau chargés positivement. Inversement, l'atome d'oxygène s'orientera vers les ions Na^+ qui sont positifs car ils ont cédé leurs électrons à l'ion chlorure. En fait, on assiste à la formation d'une couronne de solvatation. Les enveloppes hydratées qui apparaissent alors rendent les particules solubles et mobiles. D'autres particules polaires ou dotées d'une charge électrique peuvent ensuite se fixer sur cette enveloppe hydratée, créant ainsi d'autres enveloppes. Cet énorme complexe se développe finalement en une structure plus imposante, c'est-à-dire un cluster.

La dissolution des substances étrangères fonctionne d'autant mieux que les molécules d'eau sont libres. À l'opposé, plus ces molécules sont liées dans des enveloppes hydratées ou dans de gros clusters, moins elles sont disponibles pour dissoudre d'autres substances.

En schématisant, on peut dire que l'eau est plus ou moins occupée par elle-même. Si toutes ses possibilités de liaisons sont déjà prises par d'autres particules d'eau, il lui reste peu d'énergie pour dissoudre des substances. C'est pour cette raison que le nombre et le type de clusters jouent un rôle central. Si les molécules d'eau sont liées dans de gros clusters, l'eau paraît inerte et pauvre en énergie. Elle peut même paraître « malade », voire « morte ».

Modèle de molécule d'eau avec deux atomes d'hydrogène positifs et un atome d'oxygène avec deux charges négatives

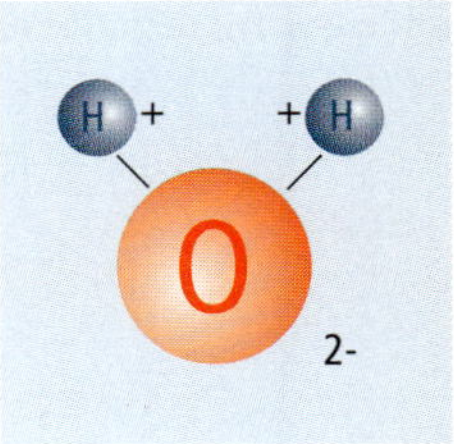

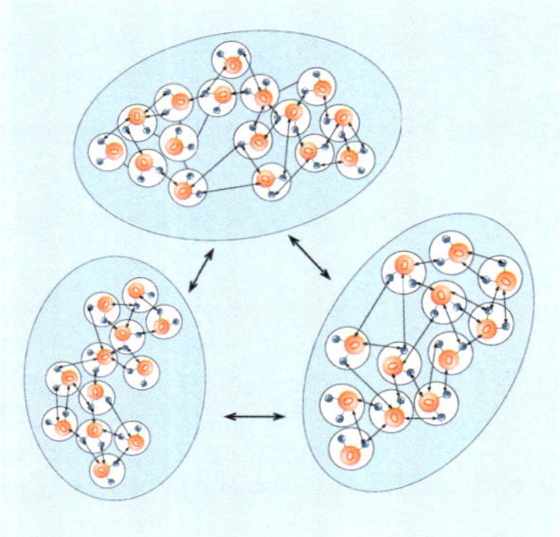

Représentation des interactions entre trois clusters d'eau (complexe de molécules d'eau)

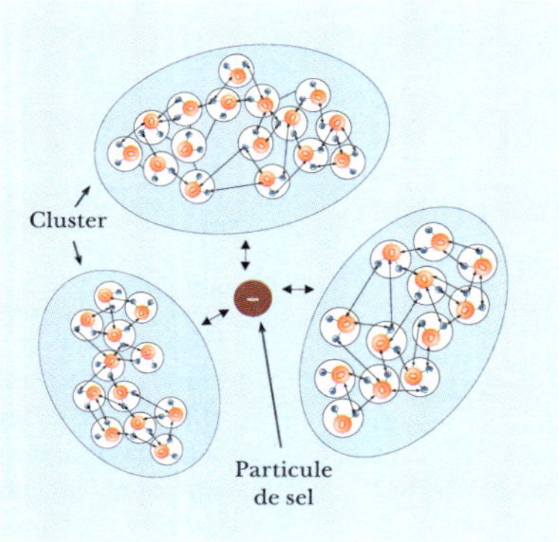

Une eau clustérisée maintient un ion chlorure négatif en solution

La surface interne d'une eau fortement clustérisée est faible. Dans notre exemple schématisé en bas, il faut 3 x 12 = 36 molécules d'eau pour maintenir en solution un seul ion chlorure. Par réticulations successives, un cluster peut contenir jusqu'à 1 000 molécules d'eau. Cela allant bien sûr au-delà des possibilités de représentations graphiques, nous nous contenterons ici de 12 molécules d'eau par cluster. Mais même avec ce modeste exemple, il est évident que la plupart des molécules d'eau n'ont plus aucune possibilité de liaison. Seules des forces internes très faibles, les « forces de capillarité », restent présentes. Cette eau est donc très peu énergétique et possède une qualité physique médiocre.

Il en va tout autrement pour une eau qui a de nombreuses molécules disponibles. Une telle eau comporte peu ou pas de clusters. Très énergique, elle offre la possibilité de créer de nombreuses liaisons pour dissoudre des matières. Cette eau est vivante, naturelle, énergétisée et saine.

Si l'on décompose les clusters, afin de libérer les possibilités de liaison de l'eau, celle-ci pourra à nouveau dissoudre des substances. Le calcaire dans les canalisations en est un parfait exemple. Grâce à des traitements – qui ne changent pas l'eau sur le plan chimique mais qui font uniquement diminuer les clusters ou grossir la surface interne – une eau peut être modifiée de telle sorte qu'elle ne laisse plus le calcaire se déposer et qu'elle dissolve les dépôts existants.

Une telle désagrégation est très importante ; la nature y parvient en permanence en laissant l'eau s'écouler et tourbillonner naturellement au cours de son cycle. Des techniques permettent de régénérer l'eau physiquement en s'inspirant de la nature. Ces types de traitement de l'eau seront expliqués plus en détail dans les chapitres suivants.

Dans une eau naturelle ayant de hautes qualités physiques, la surface interne est gigantesque. Dans l'exemple théorique de la page suivante (en bas), on s'est servi de trois molécules d'eau uniquement pour maintenir une particule en solution. Toutes les forces internes, les forces de capillarité de l'eau, sont très actives. Cette eau est pleine d'énergie.

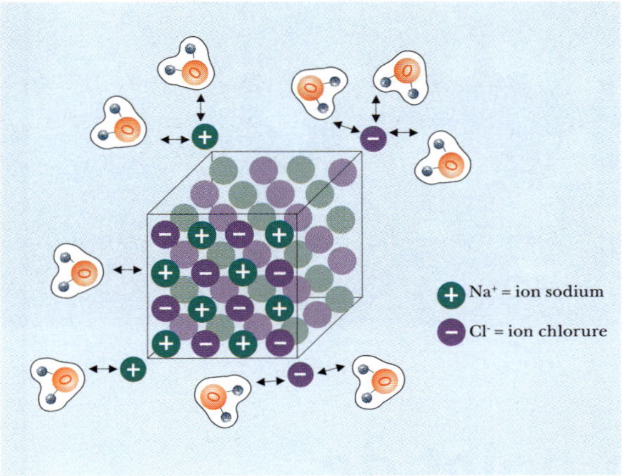

Une eau sans cluster et de haute qualité physique dissout le sel (cas idéal théorique).

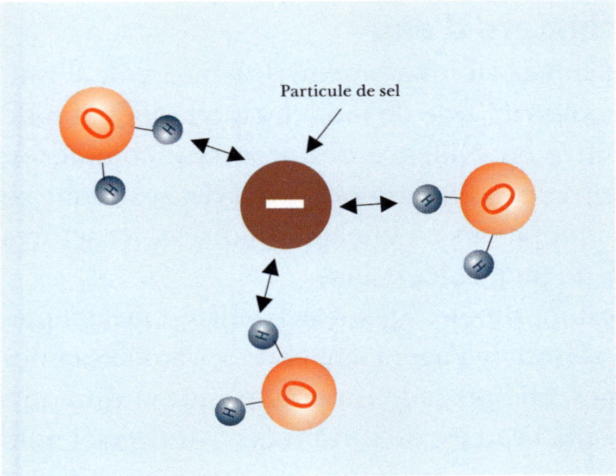

Une eau sans cluster et de haute qualité physique maintient un ion chlorure en solution (cas idéal théorique)

Chapitre 7

L'eau d'un point de vue physique

Le modèle des clusters d'eau

Comme personne n'a jamais vu un atome ni une molécule d'eau, la science travaille toujours à l'aide de modèles atomiques afin de comprendre et de mettre en évidence des processus complexes. Même si dans les chapitres précédents nous avons déjà expliqué ce qu'étaient les clusters, rappelons en quelques mots ces structures complexes composées de molécules d'eau.

La molécule d'eau est un dipôle. En surface, elle est électriquement neutre mais, en raison de l'agencement de ses atomes et des barycentres des charges, elle possède un pôle positif et un autre négatif. Pour cette raison, l'eau est un solvant quasi universel. Elle présente de plus des pôles d'attraction qui cherchent à établir des liaisons avec d'autres substances pour se fixer sur elles.

Plus une eau contient de substances dissoutes, plus ses pôles d'attraction sont indisponibles. En d'autres termes, plus ces pôles sont occupés, plus l'eau devient inerte et moins elle dispose d'énergie.

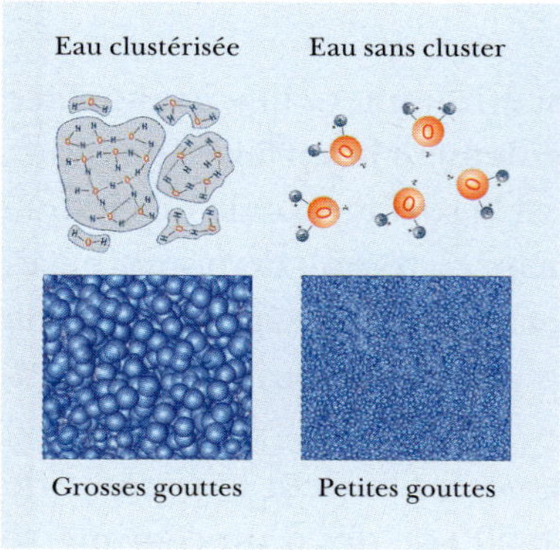

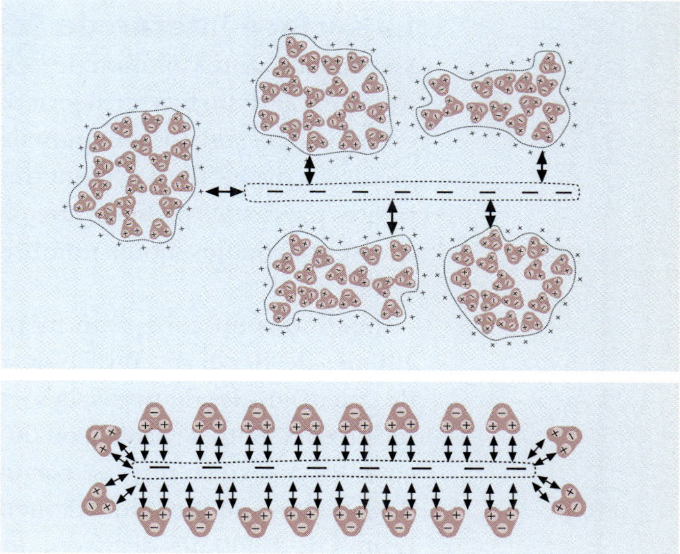

Gauche: Comparaison de la taille des gouttes d'une eau avec cluster et d'une eau sans cluster.

Droite: Haut: représentation de la capacité de dissolution entravée d'une eau clustérisée *Bas:* représentation de la forte capacité de dissolution d'une eau sans cluster

Les pôles d'attraction ne sont pas seulement liés à des substances dissoutes mais peuvent aussi l'être à d'autres molécules d'eau. En effet, celles-ci s'associent par des liaisons fines et faibles que l'on appelle *liaisons hydrogène*, donnant une eau inerte et peu réactive. Emprisonnée dans des clusters, l'eau consacre moins d'énergie aux processus de dissolution.

Les clusters d'eaux détériorées par la pression et les rayonnements consistent en des agglomérats de molécules pouvant compter jusqu'à 700 molécules d'eau. Dans une eau fortement clustérisée, 1 500 molécules d'eau peuvent être nécessaires pour dissoudre un ion chlorure. Dans une eau sans cluster, seules trois molécules suffisent ! Ce cas est toutefois purement théorique mais, de manière plus réaliste, des clusters composés de plusieurs dizaines à une centaine de molécules sont requis pour dissoudre des substances dans une eau naturelle et de bonne qualité, réactive, mobile et pleine d'énergie.

Les clusters sont composés de structures complexes, dont les plus petits éléments ont une forme de tétraèdre. Dans les formations importantes, la structure et la forme des éléments sont plus variées et peuvent être « sculptées » par les substances dissoutes, les rayonnements et les ondes reçues. C'est pourquoi les clusters constituent l'un (mais pas le seul) des niveaux de mémorisation des informations de l'eau.

La surface interne de l'eau

La capacité de dissolution de l'eau est étroitement liée à sa surface interne. Cette surface ne décrit pas seulement la surface de contact entre l'eau et son contenant mais aussi la surface totale de chaque molécule d'eau. Il est évident qu'un espace rempli de nombreuses petites particules possède une plus grande surface interne que de grosses particules moins nombreuses remplissant un espace identique.

Imaginons un cube d'un mètre de côté. On peut le remplir de 100 dés de 10 cm de côté ou de 1 000 000 de dés d'un centimètre de côté. Dans les deux cas, la surface extérieure est identique : elle mesure six mètres carrés (soit 60 000 cm^2, soit six faces d'un mètre carré). La surface interne correspondant à la surface de chaque dé est, en revanche, radicalement différente. Dans le cas du cube rempli de 1 000 dés de 10 cm de côté, la surface interne est égale à 1 000 x 600 cm^2 = 600 000 cm^2. Dans le cas du cube rempli de 1 000 000 de dés d'un centimètre de côté, la surface interne est égale à 1 000 000 x 6 cm^2 = 6 000 000 cm^2. Dans le premier cas, la surface interne s'élève au dixième de la surface extérieure, dans le deuxième cas, elle s'élève au centième.

Quelle pourrait être la valeur de la surface interne lorsque 100 trillions de molécules (soit 100 000 000 000 000 000 000 = 10^{20}) sont contenues dans une seule goutte d'eau ? Ce chiffre atteint des proportions colossales mais dépend essentiellement de la taille des clusters. Comme le montre l'exemple ci-dessus, la surface interne est très différente entre une eau avec des clusters composés de moins de dix molécules et un autre composée de clusters de plusieurs centaines de molécules.

La surface interne de l'eau correspond à la surface de contact de l'eau avec les substances dissoutes. Dans une eau fortement clustérisée, cette surface correspond à la surface des gros clusters. Dans une eau sans cluster, elle correspond aux nombreuses molécules d'eau libres. Pour rendre ce concept plus concret, imaginons que l'eau soit composée uniquement de gouttelettes microscopiques. Plus ces gouttelettes sont petites, plus leur surface interne est grande. Par conséquent, les structures complexes de l'eau constituent un critère capital de sa qualité physique. Elles contribuent à déterminer avec quelle quantité et quelle qualité l'eau peut dissoudre des substances. La surface interne d'un litre d'eau, comportant de petits clusters, peut s'élever au-delà de 100 000 m². À l'opposé, une eau du robinet de mauvaise qualité possédera une surface interne inférieure à 1 000 m².

Un exemple chiffré pour illustrer notre propos:

- Un litre d'eau, dont la taille théorique des gouttes est d'un millimètre, possède une surface interne théorique de 3,14 m².
- Un litre d'eau, dont la taille théorique des gouttes est d'un micromètre (1 µm = 10^{-6} m = 0,000 001 m), possède une surface interne de 3 140 m².
- Un litre d'eau, dont la taille théorique des gouttes est d'un nanomètre (1 nm = 10^{-9} m = 0,000 000 001 m), possède une surface interne de 3 140 000 m².

Ainsi, l'eau avec des gouttes d'un nanomètre serait une eau exceptionnelle. Cependant, cette eau n'existe que dans la théorie. En réalité, la taille des plus petites gouttes d'eau est de l'ordre de 10 nm et celle des plus petites molécules peut être inférieure à 100 nm.

Plus la surface interne d'une eau est grande, plus sa qualité physique est élevée.

L'eau contenue dans un verre possède une surface interne équivalant à une douzaine de terrains de football.

Les recherches menées dans le cadre de la nanophysique ont permis de découvrir une particularité intéressante pour les gouttes d'eau de moins de 100 nm. Ces minuscules gouttelettes ont tendance à remonter en surface et faire preuve d'un dynamisme marqué. Une eau ayant une bonne qualité physique, une eau artésienne par exemple, est vitalisée par de très petites gouttelettes de ce type.

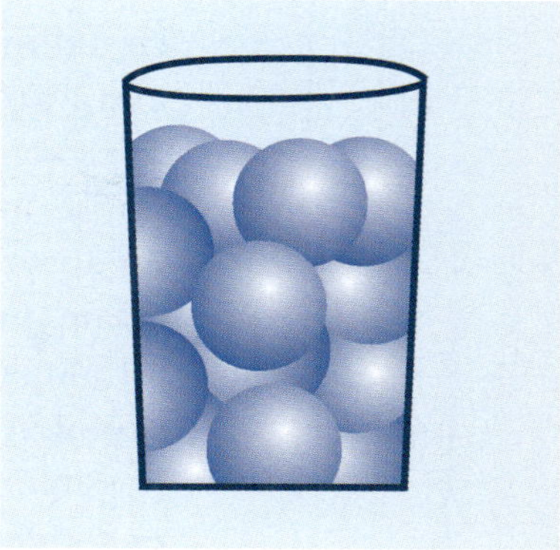

Dans ce verre, l'eau est constituée de très grosses gouttes (clusters). Par conséquent, la surface interne est faible et l'eau peu énergétique.

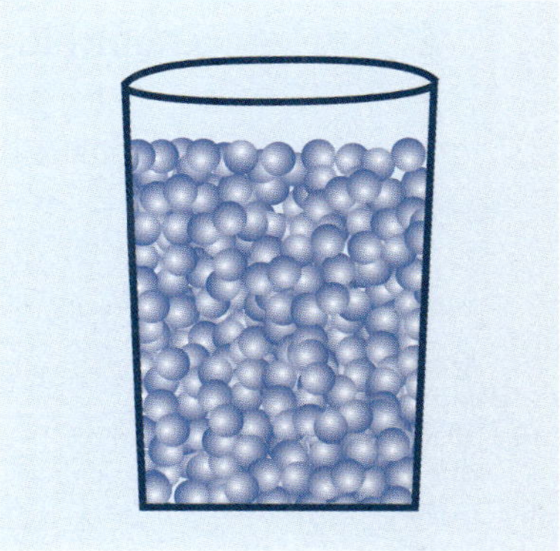

Dans ce verre, l'eau est constituée de très petites gouttes (clusters). Par conséquent, la surface interne est grande et l'eau très énergétique.

Les forces de capillarité de l'eau

Les forces de capillarité et de traction résultant de ces immenses surfaces internes sont extrêmement puissantes; ces forces cachées dissolvent les réseaux cristallins les plus solidement assemblés en absorbant et en extrayant les particules et en les assimilant sans laisser de trace. Elles sont en fait d'authentiques forces vitales. Notre organisme utilise lui aussi des processus d'absorption par capillarité : l'air est absorbé par les poumons ou les nutriments par la paroi intestinale. Les reins absorbent les déchets du sang pour les éliminer. La plupart du temps, ces processus ne sont pas agressifs et occasionnent rarement de trop fortes sollicitations. La vie ne serait pas possible sans ces forces de capillarité, autrement appelées *forces anti-gravitationnelles* (qui s'opposent à la gravité).

L'eau s'affranchit de la pesanteur

Si l'on analyse les particules dissoutes dans l'eau, par exemple les ions sodium et chlorure provenant du sel, on constate qu'elles flottent librement entre les molécules d'eau. Pourtant, les ions sodium sont 1,3 fois plus lourds que l'eau et les ions chlorure 2 fois plus lourds. D'après les lois de la physique, ces particules devraient petit à petit couler au fond ou, du moins, être plus concentrées à cet endroit. Or, rien de tout cela ne se produit !

Les particules dissoutes restent en suspension entre les molécules d'eau. Cela veut dire que ces matières finement réparties ne

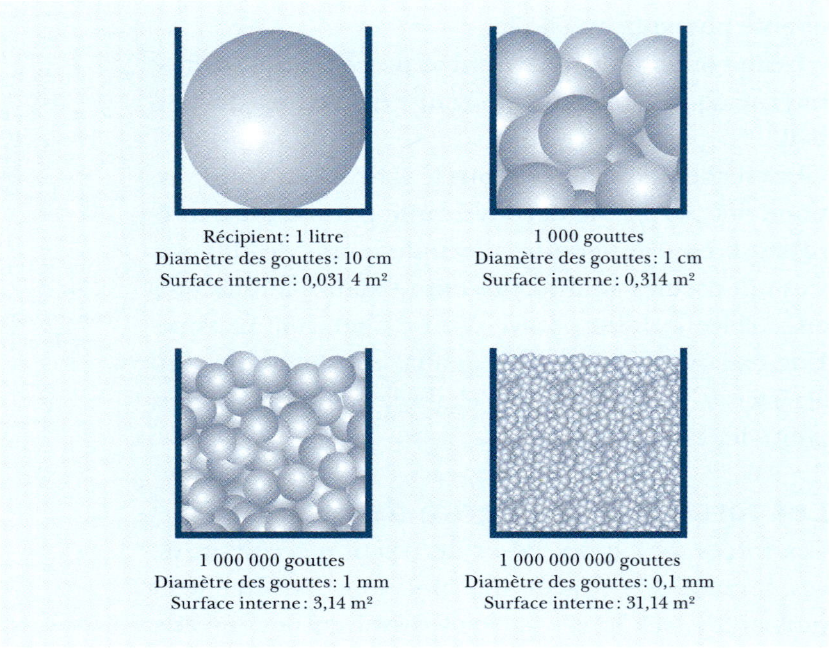

Quatre récipients d'eau (dimensions = 10 x 10 x 10 cm) contenant un litre d'eau. D'un récipient à l'autre, la taille des gouttes diminue d'un dixième à chaque fois. La surface extérieure reste fixe à seulement 0,6 m^2. En revanche, la surface interne augmente considérablement et mesurerait 31,41 m^2 pour une taille moléculaire théorique des clusters d'eau de 0,1 mm. Elle ferait même plus de 3 millions de mètres carrés si les clusters mesuraient un nanomètre.

sont plus soumises à la pesanteur. Elles sont justement en apesanteur. Mais l'inverse vaut également: si des matières ne sont plus en suspension dans l'eau, elles redeviennent soumises à l'attraction terrestre et la gravitation, entraînant l'affaissement de la solution. Cette sédimentation – on parle également de *précipitation* et de *coagulation** – est aujourd'hui le principal problème rencontré dans l'ensemble des réseaux hydrographiques. Il touche aussi les liquides corporels. Si l'état colloïdal de l'eau corporelle est perturbé durablement, cela provoque la coagulation des substances dissoutes et la formation d'impuretés et de dépôts. Des maladies surviennent lorsque l'organisme n'est plus capable de maintenir l'état colloïdal des liquides.

Une eau constituée de molécules libres ou de petits clusters peut maintenir plus facilement des colloïdes dans un état stable qu'une eau composée de gros clusters. Pour conserver des clusters de petite taille, la nature crée des tourbillons permanents et intensifs, qui modifient l'état colloïdal de l'eau. Ces phénomènes décomposent les grosses structures, inertes et peu énergétiques, en petites structures réactives et énergétiques. Dans la nature, ce processus est généré à chaque écoulement et à chaque tourbillon.

L'eau colloïdale

Les états colloïdaux se caractérisent par le fait qu'une matière n'est pas répartie sous forme d'atomes, d'ions ou de molécules individuels mais sous forme de gigantesques complexes composés de centaines, de milliers, voire de milliards de particules. Il peut s'agir de composés d'addition plus ou moins lâches comme les clusters d'eau ou de molécules géantes comme les protéines. Les complexes peuvent être plus ou moins réticulés (émulsions et gels) ou séparés les uns des autres (suspensions). Le terme *colloïde* dérive du mot grec *kolla* qui signifie « colle ». Celle-ci consiste elle-même en une solution colloïdale composée d'albumine ou d'amidon et d'eau.

Détail intéressant, l'eau est elle-même un colloïde ! Elle est certes composée d'une molécule unique (H_2O) mais elle s'associe à d'autres pour former des clusters qui prennent des tailles, des structures et des formes variées puis à leur tour dissous dans un

* Pour des particules en suspension non dissoutes correctement, on parle de *sédimentation*; pour des matières dans des vraies solutions, on parle de *précipitation*; pour les colloïdes, on parle de *coagulation* (du latin *coagulare*, « cailler »).

état colloïdal. Nous avons donc une solution colloïdale d'eau dans l'eau ! La dispersion de la lumière permet de montrer l'aspect optique particulier du colloïde. Étant donné que les colloïdes possèdent des surfaces par rapport au milieu dissolvant ainsi qu'une densité différente, la lumière se réfracte au niveau de ces surfaces. Les particules colloïdales agissent sur la lumière de la même façon que les obstacles dans un cours d'eau. Elles deviennent la source d'ondes lumineuses se diffusant en forme de cône. Lorsqu'elle devient de plus en plus profonde, l'eau doit sa couleur bleue à cette diffusion lumineuse appelée *effet Tyndall**.

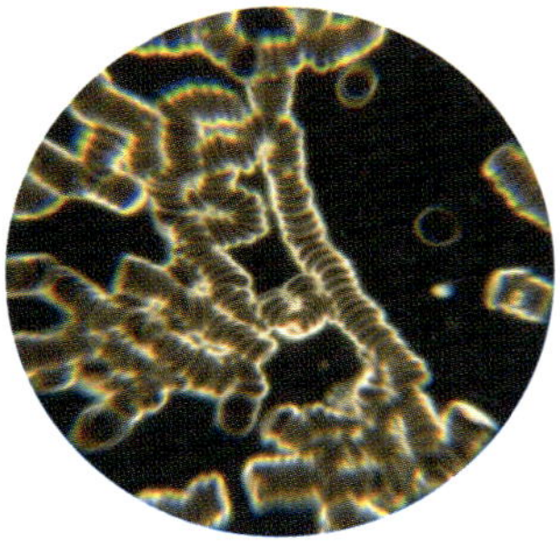

Sang visualisé sous microscope sur fond noir, grossi 1 600 fois, selon la méthode du docteur Enderlein. Premier échantillon : le sang est visqueux, les globules rouges sont agglomérés en chapelets.

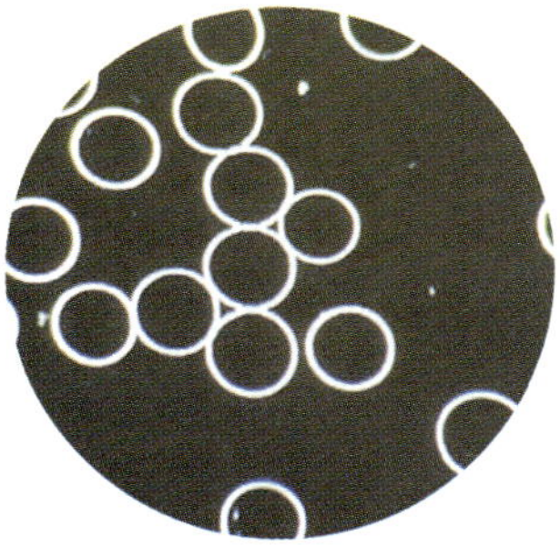

Deuxième échantillon : le sang est sain, les globules rouges sont libres et nettement détachés les uns des autres.

Les colloïdes dans l'organisme

Dans les organismes vivants, les solutions colloïdales jouent un rôle décisif et vital. Dans le corps humain, le sang, la lymphe, les liquides cellulaires, le liquide cérébral, les liquides tissulaires et la salive sont des systèmes colloïdaux. Dès que cet état colloïdal est perturbé, des maladies apparaissent.

Les photographies du sang humain ci-contre montrent notamment le degré de diffusion colloïdale. Les globules rouges doivent être répartis régulièrement et être bien distincts les uns des autres. Ces clichés ont été pris d'après la méthode du docteur Enderlein, sous un microscope sur fond noir, les globules ayant été grossis 1 600 fois.

Le cliché du haut montre une phase dégénérative d'un processus pathologique. L'échange d'oxygène et les propriétés d'écoulement du sang sont perturbés.

Sur le cliché du bas, le sang est bien fluide, l'échange d'oxygène assuré. Un état colloïdal stable est nécessaire dans le sang pour pouvoir maintenir des substances en solution et éviter leur précipitation et les dépôts qui en découlent. De plus, le sang doit être assez fluide afin de ne pas solliciter durablement le système cardiovasculaire. Dans l'organisme, l'eau joue un rôle clé au niveau de la stabilisation et du maintien de l'état colloïdal du sang.

* D'après le nom de John Tyndall, physicien irlandais qui a découvert ce phénomène.

C'est tout l'enjeu d'une eau de qualité : la pollution chimique, par des acides par exemple, entraîne une coagulation des colloïdes. La valeur du pH du sang doit impérativement rester stable, raison pour laquelle l'organisme a mis en place des systèmes tampons. Il dispose ainsi d'un système immunitaire très efficace qui le protège contre les pollutions microbiologiques. En revanche, aucun mécanisme de régulation spécifique nous permet de compenser la plus ou moins bonne qualité physique de l'eau que nous buvons.

Une eau de grande qualité exempte d'informations étrangères, avec clusters de petite taille, grande surface interne, gouttes de petite taille, force de capillarité puissante, représente le meilleur moyen pour maintenir un état colloïdal stable dans les liquides de notre organisme. Pour cette raison, une bonne eau est la condition sine qua non de la réussite de nombreux processus de guérison.

Différence entre la dispersion, l'état colloïdal et la solution moléculaire

Quels sont les avantages de l'état colloïdal pour les organismes vivants ? En quoi se distingue-t-il de la dispersion ou de la solution moléculaire ?

Étudions deux verres d'eau. Dans l'un deux, versons du sable siliceux fin, par exemple, un beau sable de plage. Logiquement, le sable va tomber au fond du verre, aussi fin soit-il. Nous pouvons brasser le sable aussi fortement que nous voulons, la gravitation l'entraîne vers le bas où il se dépose. Dans le sable, le quartz est présent sous forme cristalline, c'est-à-dire en tous petits cristaux. Une observation sous microscope nous le montre clairement et lorsqu'on fait rouler le sable entre les doigts, on sent nettement les cristaux.

Dans le verre, le sable se dissocie de l'eau et se concentre au fond du récipient. On parle ici d'une *dispersion**.

À température constante, la vitesse de sédimentation des particules de quartz dépend de leur taille. Dès 1927, Ostwald et Atterberg ont publié des comptes rendus de recherche à ce sujet. D'après leurs études, les particules de quartz, d'une densité de 2,65, coulent au fond d'une colonne d'eau de 10 cm en un laps de temps fonction de leur diamètre :

---

* Une dispersion (du latin *dispersio*, de *dispersus*, « disperser ») fait référence à une matière finement répartie dans une autre.

Quartz cristallin : cristal de roche

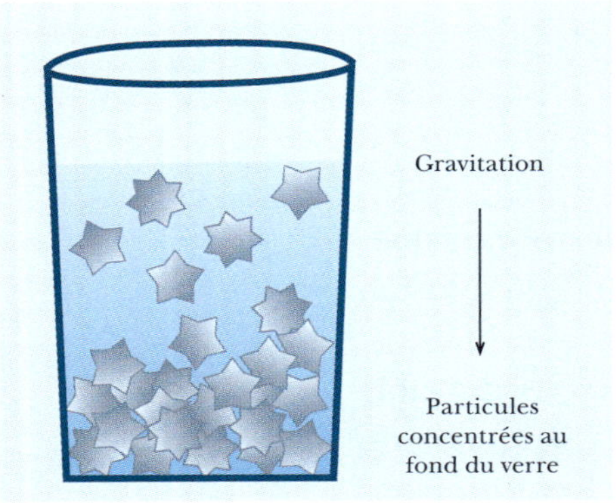

Haut : Si l'on verse du quartz cristallin dans un verre d'eau, les cristaux tombent rapidement au fond du verre et s'y concentrent.

Bas : Dioxyde de silicium colloïdal dissous dans l'eau. Les particules sont en suspension et ne se déposent pas, même après plusieurs semaines, voire plusieurs mois.

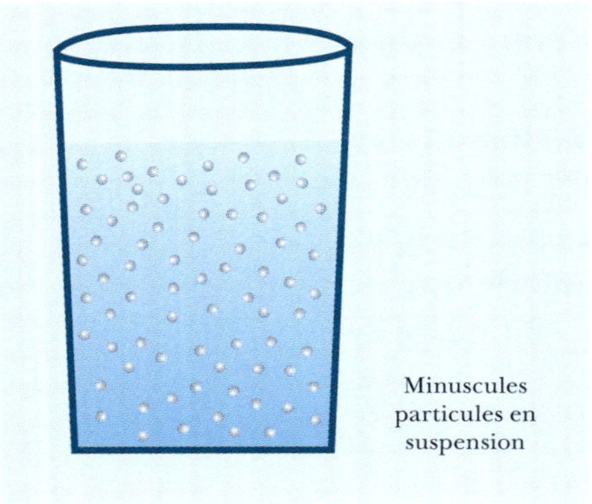

- 0,2 mm : 5 secondes
- 0,1 mm : 25 secondes
- 0,05 mm : 2 minutes
- 0,01 mm : 30 minutes
- 0,005 mm : 2 heures
- 0,001 mm : 32 heures
- 0,000 5 mm : 5 jours
- 0,000 2 mm : 20 jours

Plus les particules sont petites, plus la vitesse de sédimentation est faible. En 1845, le physicien anglais Stokes a mis en évidence une loi mathématique à ce sujet. La stabilité des dispersions liquides est limitée dans le temps.

Si le sable siliceux est chauffé à environ 900°C puis brutalement refroidi en quelques secondes, le quartz perd sa structure cristalline et devient amorphe, c'est-à-dire sans aucune structure. Ce simple traitement transforme le quartz dur et acéré en une matière floconneuse, blanche et vaporeuse comme de la ouate. Si on la fait rouler entre ses doigts, on ne sent plus les cristaux car le quartz est décomposé en poudre extrêmement fine.

Si l'on verse ce quartz amorphe et floconneux avec de l'eau dans un moulin colloïdal, produisant des tourbillonnements intenses, il en résulte un autre type de mélange. Les molécules d'eau se fixent par addition sur chaque molécule de quartz jusqu'à la création d'un état colloïdal. Une couche double constituée de molécules d'eau de polarité opposée, dotées de chutes de tension caractéristiques (44 mV pour le quartz), entoure les particules de quartz. Le quartz est désormais inclus dans les forces d'attraction agissant entre les molécules d'eau. Ces forces s'opposent durablement à la gravitation qui n'a plus prise sur ces particules minuscules. Le quartz

ainsi traité ne tombe plus au fond du verre d'eau mais reste des mois, voire des années, en suspension.

Certes, les particules dissoutes sous forme colloïdale sont plus lourdes que l'eau et pourtant elles flottent. L'eau les maintient activement en suspension. Les filtres eux-mêmes ne peuvent plus les séparer de ces solutions qui les traversent tout simplement. À l'œil nu, elles apparaissent transparentes et peuvent, en raison de la dispersion de la lumière, prendre parfois un aspect légèrement iridescent.

Étudions maintenant les différences entre les dispersions, les colloïdes et les solutions moléculaires :

À gauche, quartz amorphe et floconneux ; à droite, dissout dans l'eau sous forme colloïdale. Aucune sédimentation mais une remarquable fluidisation

Dispersion

(fine répartition et mélange temporaire de différentes substances)

- Les particules sont insolubles et, le plus souvent, d'une taille supérieure à 200 nanomètres.
- Les particules restent en suspension, regroupées par atomes, molécules ou associations de molécules.
- Les particules plus denses que le milieu dispersif sont soumises à la pesanteur et tombent au fond.
- Les particules plus légères remontent à la surface après démixtion (séparation du mélange) et s'y concentrent.
- La pesanteur provoque à chaque fois une démixtion.
- Les particules peuvent être solides, liquides ou gazeuses dans le milieu dispersif.
- Les particules sont le plus souvent stoppées par des filtres.
- Les particules sont visibles à l'œil nu ou avec un microscope classique.

États colloïdaux

(fine répartition et mélange durable et stable de particules)

- Les particules sont insolubles et, le plus souvent, d'une taille variant entre 1 et 200 nanomètres.
- Les particules restent en suspension, sous forme de complexes composés de milliers, voire de milliards d'atomes, de molécules ou d'associations de molécules qui restent stables en solution, prisonnières dans le solvant.

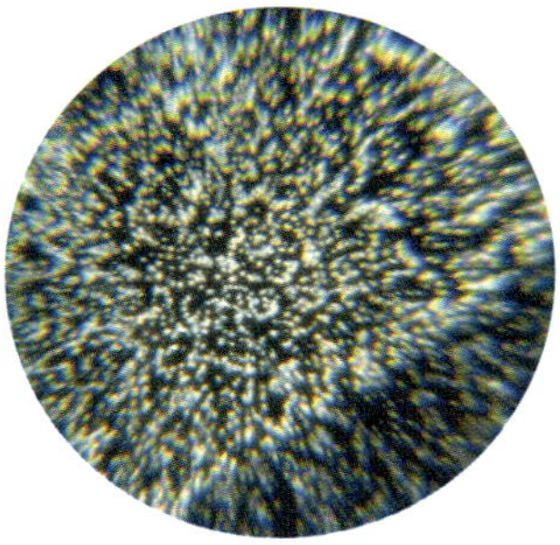

Quartz amorphe dispersé dans l'eau, grossi 150 fois sous microscope, réparti de manière homogène.

- Les particules ne sont pas soumises à la pesanteur et flottent en suspension, même lorsqu'elles sont plus lourdes que le solvant.
- Les particules plus légères ne se dissocient généralement pas et ne remontent pas à la surface.
- La pesanteur ne provoque pas de démixtion.
- Les particules peuvent être solides, liquides ou gazeuses mais aussi élastiques et gélifiées dans le milieu dispersif (outre les états d'agrégation habituels, les colloïdes peuvent aussi se présenter dans ces phases supplémentaires).
- Les particules ne sont généralement pas stoppées par des filtres.
- Les particules ne sont quasiment pas visibles à l'œil nu ni sous un microscope classique. Mais elles sont relativement bien visibles sous microscope sur fond noir à l'éclairage horizontal.

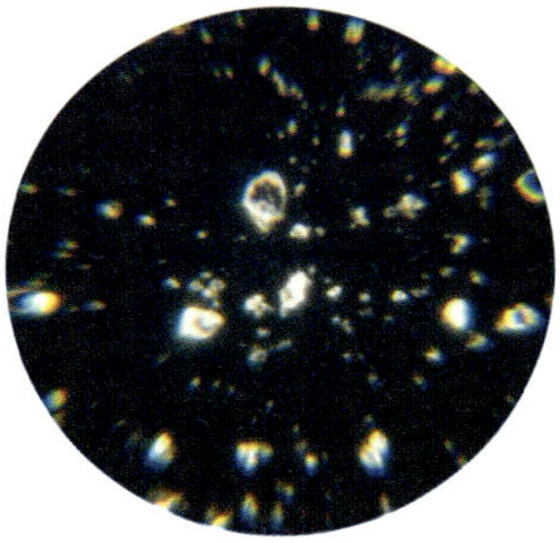

Quartz amorphe dispersé dans l'eau, grossi 1 600 fois sous microscope. Les structures rondes sont facilement reconnaissables. L'aspect cristallin de la roche a quasiment disparu.

Solution moléculaire

(répartition homogène d'atomes, de molécules ou d'ions individuels dans un solvant)

- Dans une solution moléculaire, les particules solubles mesurent moins d'un nanomètre.
- La pesanteur ne provoque pas de démixtion, même lorsque les particules dissoutes sont plus lourdes que le solvant.
- Les particules plus légères ne se dissocient pas non plus.
- Les particules s'adaptent à l'état d'agrégation du solvant.
- Les particules dissoutes précipitent uniquement lorsqu'elles dépassent la concentration soluble maximale.
- Les ions dissous peuvent être séparés par électrolyse, avec une tension continue.
- Les particules ne sont pas stoppées par des filtres.
- Les particules ne sont pas visibles sous microscope.
- Les particules diffusent et dialysent.

Les passages d'un état à l'autre se produisent de manière fluide. Les propriétés correspondantes évoluent petit à petit.

Suivant les solutions solide-eau (émulsions), la taille des particules varie naturellement de manière importante. Sous un microscope, ce critère permet de distinguer les émulsions des solutions colloïdales.

Quelques explications

- Diffusion : mélange indépendant reposant sur le mouvement brownien des molécules.
- Dialyse : séparation par une membrane semi-perméable.
- Électrolyse : séparation des particules positives et négatives sous l'action d'un courant électrique continu.
- Correspondances métriques :
  1 nm = 0,001 µm = 0,000 001 mm = 0,000 000 001 m
  1 m = 1 000 mm = 1 000 000 µm = 1 000 000 000 nm

Les colloïdes, fondement de la vie

Les états colloïdaux sont tout à fait particuliers, à mi-chemin entre la dispersion d'une part, dans laquelle deux états séparés l'un de l'autre cohabitent pendant un temps plus ou moins long puis se dissocient, et la solution moléculaire d'autre part, où se dissolvent différentes substances. Dans les colloïdes, les substances dissoutes restent des éléments individuels parvenus à un équilibre idéal avec leur environnement.

Arbre dans toute sa splendeur. L'eau remonte jusqu'à la cime par capillarité, sans être soumise à une pression quelconque.

Ce n'est pas par hasard si les scientifiques considèrent aujourd'hui que la vie est apparue dans les états colloïdaux. Ce qui se passe au niveau moléculaire dans un colloïde se reproduit à l'intérieur des cellules et des organismes. De petites unités complexes se démarquent les unes des autres sans toutefois se séparer et modifient par là leurs propriétés. Ainsi, beaucoup de toxines ne sont plus nocives – ou le sont moins – lorsqu'elles se présentent sous forme colloïdale. Mais attention, cela ne vaut pas pour tous les poisons ! Les colloïdes forment des milieux où les propriétés chimiques des éléments sont modifiées par rapport à l'extérieur.

Ces milieux sont d'ailleurs la marque distinctive de la vie : elle en crée sans cesse de nouveaux (cellules, organes, corps) dans lesquels des processus se déroulent en suivant d'autres règles que dans l'environnement extérieur. Ce phénomène rend possible l'évolution de la vie, la conduisant à des formes toujours plus complexes. Ce processus de délimitation du vivant et de structures spatiales bien différenciées commence en principe dans l'eau, le colloïde le plus important pour nous !

Presque toutes les fonctions de notre organisme – absorption, dissolution, transport et élimination – s'accomplissent uniquement avec des liquides corporels colloïdaux. C'est grâce à ces colloïdes que les nutriments peuvent s'écouler dans les mêmes voies que les toxines en cours d'élimination. Aidé par l'acide glucuronique et d'autres substances, le foie emballe de nombreuses toxines dans de petits paquets colloïdaux, qu'il peut ensuite envoyer vers les reins pour les éliminer sans qu'ils causent de dommages sur leur parcours. L'état colloïdal est une véritable curiosité de la nature qui, outre les états d'agrégation courants – solide, liquide, gazeux – possède ses propres agrégats, gélifié et élastique.

Pour l'ensemble des organismes vivants, il est impératif de maintenir ces états colloïdaux qui peuvent être mis en péril par des électrolytes (sels, acides et bases selon le type de colloïde). Dans la nature, beaucoup de minéraux, entre autres l'agate, la calcédoine, l'opale, se créent sous l'action des électrolytes sur des solutions colloïdales d'acide silicique. Le résultat peut certes nous enchanter mais, dans un organisme vivant, de telles cristallisations ne sont rien d'autre que des calculs !

Les acides et les systèmes colloïdaux

À cet égard, il peut être intéressant d'analyser à nouveau l'action des acides sur l'organisme. Ceux-ci peuvent concentrer un état colloïdal et entraîner sa coagulation. Même des acides faibles comme l'acide carbonique peuvent parvenir à ce résultat et, bien souvent, une neutralisation ou une dilution de l'acide avec de l'eau ne suffit pas à annuler le processus. Les formations de minéraux illustrent parfaitement ce phénomène : les agates, calcédoines et opales, apparues par coagulation de solutions colloïdales de dioxyde de silicium, ne se dissolvent pas dans l'eau. L'organisme doit fournir un effort énorme pour diviser et éliminer les minéraux cristallins (calculs) issus de colloïdes suite à une acidification.

Nous devons donc renoncer à consommer de l'eau contenant de l'acide carbonique et des aliments acides (charcuterie, viande, alcool, nicotine, sucre, etc.). Une alimentation équilibrée, riches en nutriments basiques issus de l'agriculture biologique, est bien meilleure pour notre santé. Le corps peut, grâce à ses mécanismes d'élimination et de désintoxication, régénérer naturellement des systèmes colloïdaux déréglés. Mais cela exige beaucoup d'efforts et constitue une très forte sollicitation. Un bon thérapeute soutiendra cet effort en recommandant une eau de bonne qualité, associée à des remèdes de désacidification et d'élimination, à des changements d'alimentation et de mode de vie ainsi qu'à une maîtrise microbienne. Il s'agit là d'une véritable guérison visant à rééquilibrer l'individu dans son ensemble. Si la maladie est synonyme de dérèglement, la santé rime avec équilibre.

L'eau possède-t-elle une mémoire ?

Évidemment, l'eau n'est pas un organisme vivant. Pourtant, lorsqu'elle entre en résonance avec des substances déterminées, elle peut produire des oscillations. Tant que ces structures perdurent, la résonance peut se répéter à l'infini, qu'elle agisse sur l'eau ou sur d'autres systèmes. Le modèle des clusters est ici très utile pour expliquer ce phénomène.

Sur notre planète, toutes les matières – bois, métaux, plastiques, produits chimiques, produits toxiques, médicaments, aliments, etc. – possèdent leur propre fréquence d'oscillation. Ces oscillations représentent leurs signaux énergétiques caractéristiques, dépendants du mouvement des différentes molécules et pouvant être mesurés et enregistrés comme des ondes radio. Si ces signaux entrent en contact avec de l'eau, ils sont absorbés puis mémorisés par les clusters d'eau qui se mettent à les reproduire.

Logiquement, l'eau peut aussi bien mémoriser des signaux positifs que négatifs, issus de polluants et de substances toxiques. Comme les clusters sont minuscules, les possibilités de mémorisation sont pratiquement infinies. Pour de nombreux informaticiens, l'eau est d'ailleurs le support de mémorisation du futur. Les scientifiques partent aussi du principe que l'eau constitue le milieu dans lequel le cerveau mémorise les informations. Ainsi, la maladie d'Alzheimer pourrait être une maladie de l'eau, due à une perte de structure de cette dernière dans le cerveau, entraînant une dégénérescence de la mémoire ou une faiblesse croissante de celle-ci.

La mémorisation par oscillation dans l'eau

Les atomes ne sont ni statiques ni figés mais, au contraire des structures à énergie tourbillonnante, sans cesse en mouvement et très dynamiques. Des lauréats du prix Nobel de physique décrivent aujourd'hui les atomes, qui n'ont aucune forme fixe, comme un tourbillon d'énergie dans le néant.

Représentation schématique: imaginons les molécules d'eau comme de simples petites sphères reliées entre elles par des baguettes en caoutchouc souples. Ainsi, un cluster composé de 500 molécules est un élément tridimensionnel très mobile qui se met à trembler à la moindre chiquenaude pour ensuite entrer en oscillation. Celle-ci est fonction du nombre de molécules en oscillation et de la structure tridimensionnelle du cluster.

Chaque corps, de la corde de guitare au pont d'autoroute, possède sa propre fréquence de résonance. D'une part, elle a une fréquence sonore spécifique qui apparaît suite à une vibration des éléments causée par la chaleur ou d'autres stimuli. D'autre part, toute matière – bois, métal, sel ou pierres précieuses – oscille selon un modèle d'oscillation électromagnétique propre à chaque atome, lui-même constitué de son nuage de charges mobiles. L'eau est capable d'absorber presque n'importe quelle fréquence. Si un signal électromagnétique d'une substance toxique, le mercure par exemple, entre en contact avec un cluster d'eau, il lui transmet les oscillations typiques de ce métal lourd. Tous les clusters n'oscillent pas à cette fréquence mais beaucoup entrent en résonance à une fréquence propre correspondant partiellement à celle du

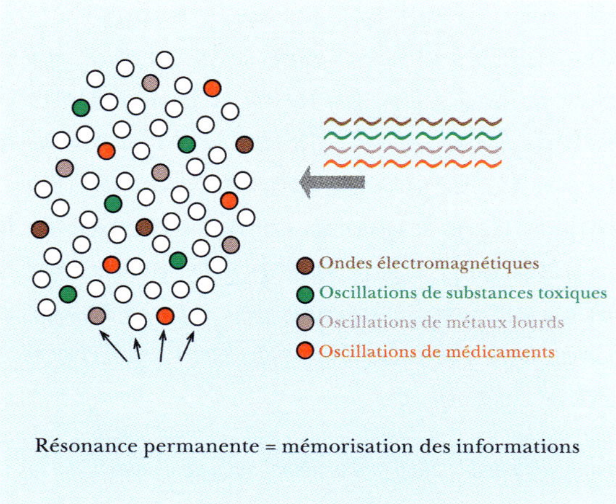

Oscillations de diverses substances après leur rencontre avec l'eau. Quelques clusters entrent en résonance (cercles colorés) et oscillent à la même fréquence que la substance (sur le schéma, la couleur du cluster correspond à celle de l'oscillation induite). Via la résonance, l'eau n'oublie jamais la substance avec laquelle elle est entrée en contact (oscillation similaire).

mercure. Tant que celui-ci reste présent dans l'eau, cette concordance est évidente. Ce qui est plus surprenant en revanche, c'est que l'eau continue à osciller comme le mercure des mois après que ce dernier a été éliminé.

Manifestement, les clusters réorganisent leurs structures en permanence pour obtenir une fréquence de résonance très proche de celle du mercure. Avec les grains de sable, on observe le même phénomène. Faites retentir un diapason au-dessus d'une fine couche de sable et les grains formeront des motifs tout à fait particuliers. En s'aidant de la structure des clusters, l'eau a recours à la même technique pour retenir toutes les oscillations, informations et forces constitutives avec lesquelles elle est entrée en contact. L'eau devient une mosaïque d'oscillations et d'informations, parfois malheureusement nocives car issues de la pollution.

Cette théorie de la résonance a notamment été démontrée par le docteur Herbert Klima, physicien à l'Atominstitut der österreichischen Universitäten à Vienne, en Autriche, ainsi que par le docteur Maximilian Moser, physiologiste à l'Université de Graz, en Autriche. Ils ne peuvent toutefois pas expliquer de manière formelle et incontestable les phénomènes observés. Cependant, cela ne change rien au fait qu'ils aient obtenu, au cours de centaines d'essais, des résultats significatifs et reproductibles.

La réalité de la mémorisation des informations dans l'eau est probablement plus complexe que notre représentation schématique fondée sur le modèle des clusters. Ceux-ci se déforment et se reforment plusieurs milliers de fois en l'espace d'une nanose-

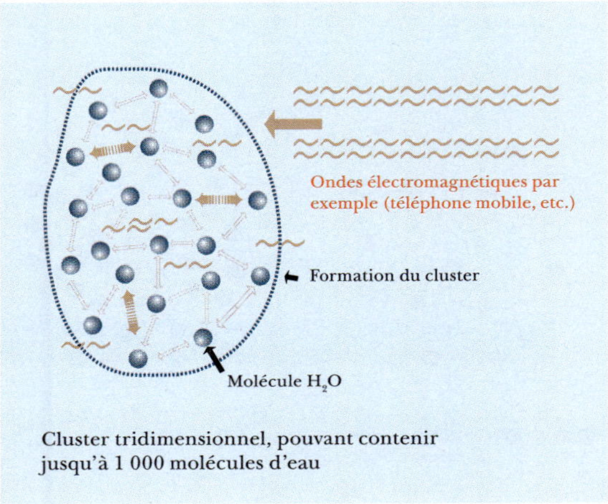

Représentation schématique d'un cluster d'eau
Les sphères représentent des molécules d'eau, liées au sein d'un cluster, lui-même représenté par un cercle en pointillé. Ce cluster entre en contact avec les ondes électromagnétiques émises par un téléphone mobile et mémorise cette information en oscillant à la même fréquence que celle du téléphone.

conde. Ces structurations, décompositions et transformations des clusters montrent toujours des motifs déterminés qui dépendent des oscillations absorbées (informations, forces constitutives).

Toutes les oscillations, toutes les informations, toutes les matières, tous les organismes vivants, avec lesquels l'eau est entrée en contact, laissent leurs empreintes digitales dans l'eau lorsqu'ils sont entrés en contact avec elle. La capacité de l'eau à les mémoriser, vitale pour le monde du vivant, est aujourd'hui un phénomène connu de la médecine. Malheureusement, cette capacité de l'eau pose de nos jours un problème bien ennuyeux car la pollution environnementale laisse des traces toxiques dans son sillage, même après filtration ou nettoyage de l'eau. Ces marques laissées par les substances toxiques peuvent être mises en évidence dans un distillat. Dans l'eau potable, on retrouve ainsi en permanence des milliers de modèles d'oscillations provenant des différentes substances toxiques, du *« smog »* électrique et des signaux techniques omniprésents. Toutes ces oscillations se superposent les unes aux autres, entraînant un énorme bruit, un embrouillamini chaotique de fréquences les plus diverses. Il faut alors se demander s'il est judicieux d'ajouter d'autres informations dans l'eau potable avec un appareil de dynamisation. Il convient d'être particulièrement critique envers ces procédés de structuration dont les informations ne sont ni toutes connues ni peut-être toutes dévoilées par le fabricant. En fin de compte, l'homéopathie nous enseigne qu'il faut user avec soin et parcimonie d'une information apportée à l'organisme. Là encore, qualité ne rime pas forcément avec quantité.

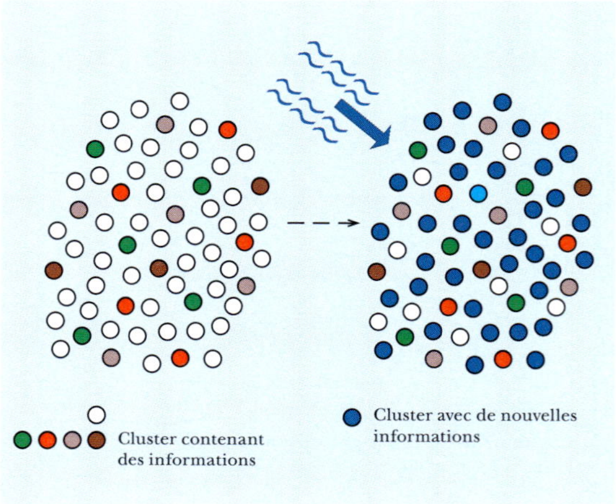

Sur le schéma de gauche, les clusters d'eau sont représentés par des cercles. Les cercles colorés correspondent à des clusters contenant des informations, les cercles blancs à des clusters libres de toute information. Sur le schéma de droite, un dispositif de traitement de l'eau monté sur le robinet communique des informations supplémentaires à de nombreux clusters libres (cercles blancs) qui, sous son action, sont représentés en bleu. Cependant, les informations déjà présentes dans l'eau (cercles colorés à gauche) ne sont pas effacées.

Ne serait-il pas plus sensé de boire une eau naturelle ne contenant aucune information étrangère ? Boire une eau pure dotée des meilleures qualités chimiques, biologiques et physiques et rien d'autre…

La « mémoire » de l'eau, un problème dans notre monde pollué ?

Les informations mémorisées dans l'eau ne disparaissent qu'avec la décomposition des clusters. N'étant plus un moyen de transport des polluants, elle devient à nouveau un aliment. Dans la nature, les clusters sont détruits par l'écoulement et les tourbillons. Une bonne régénération de l'eau doit donc reproduire ce processus naturel.

L'eau dans le métabolisme

Le métabolisme corporel transforme les substances matérielles en forces constitutives très fines. Celles-ci sont absorbées par le sang et la lymphe à travers la paroi intestinale pour ensuite être aspirées par capillarité par les liquides corporels qui les mettent à disposition de l'organisme. Tout ce processus se déroule dans l'eau. Une fois parvenues à l'endroit adéquat du corps, ces forces constitutives se métamorphosent à nouveau en matières. Pour définir cette notion, le physicien Wilfried Hacheney parle de *métamorphose par gravitation* ou de *transsubstantiation*. Les puissantes forces de capillarité de la lymphe qui, en latin, signifie « eau », réalisent cette transformation qualitative et transsubstantiée qu'est le métabolisme.

La physique nucléaire moderne a elle aussi décrit cette transition du matériel vers l'immatériel, passant par un point zéro pour revenir vers le matériel.

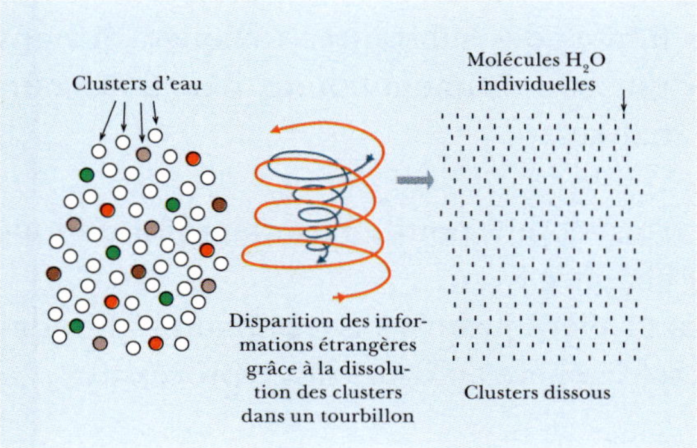

Un tourbillonnement intense dissout les clusters et permet d'effacer les informations étrangères contenues dans l'eau. Celle-ci est alors physiquement nettoyée.

La construction et la croissance du corps humain ne se réalisent pas uniquement sur une base purement chimique telle qu'elle est décrite par les sciences mais sont l'aboutissement de processus morphologiques et de transsubstantiation. La matière se modifie sous l'action de puissantes forces de traction sur de grandes surfaces. Le passage du matériel à l'immatériel est illustré par la lemniscate ou « huit allongé », qui symbolise l'infini (∞). Partant de la gauche, le matériel passe par le point zéro et l'immatériel pour retourner vers le matériel.

Ce phénomène était connu de toutes les anciennes civilisations. La physique nucléaire moderne explore cet ancien savoir et redécouvre que l'eau est le milieu dans lequel se déroule le métabolisme. Elle est dotée d'une qualité importante, à savoir *la capacité à transmettre.*

Une eau saine et vivante peut assurer la transmission des forces constitutives. Une eau avec de mauvaises qualités physiques ne pourra le faire de manière optimale, entraînant l'apparition de troubles et de maladies du métabolisme.

Les pollutions de l'eau

Toutes les informations présentes dans l'eau ne se valent pas. Nous découvrons aujourd'hui qu'à la pollution matérielle et chimique vient s'ajouter une autre pollution, « immatérielle », contenant des informations nocives. Cette pollution perdure même après l'élimination par filtration des matières polluantes.

Cette contamination physique « immatérielle » de l'eau est aussi problématique que la pollution chimique matérielle. Cependant, on définit toujours la qualité de l'eau d'après sa pureté matérielle, surveillée et évaluée par des analyses chimiques et biologiques. Mais rien que dans ces analyses, on a de plus en plus de difficultés à respecter les valeurs limites des substances toxiques. Si nous souhaitons consommer une eau vraiment bonne, il ne faut pourtant pas s'arrêter à ces analyses.

La nature dispose de trois moyens pour effacer les informations que l'eau contient (voir chapitre 8) :

1) en s'évaporant, l'eau s'élève jusqu'à de très hautes altitudes dans l'atmosphère et se régénère au cours de ce processus ;

2) dans le sol, l'eau s'écoule lentement à travers les strates rocheuses pendant plusieurs siècles et, une fois régénérée, remonte à la surface sans pression ;
3) dans les cours d'eau et les fleuves, dans la mesure où ils ne sont pas rectifiés par l'homme, l'eau se régénère en s'écoulant, en clapotant, en tourbillonnant et en tombant.

Toutes les techniques de traitement de l'eau, expliquées dans les chapitres 10, sont inspirées de ces méthodes de régénération naturelle.

Le mode d'action de l'homéopathie

Depuis 1984, le professeur Jacques Benveniste, médecin et immunologue français, a mis en évidence, à travers de nombreux essais scientifiques reproductibles, que l'eau pouvait effectivement mémoriser des informations. Le biologiste Jean-Pierre Garel va même encore plus loin en développant la théorie selon laquelle les informations contenues dans un cluster peuvent être transmises à un autre cluster si le liquide est secoué de manière rythmée. Il affirme que les informations sont présentes, même après des dilutions et des secousses répétées, alors que la substance d'origine ne peut plus être mise en évidence dans l'eau depuis longtemps. Les forces constitutives de cette substance sont même renforcées par cette « désubstantiation ». Dans une préparation homéopathique d'arnica par exemple, l'arnica n'est plus décelable à partir de la dilution D23 (après 23 étapes de déconcentration avec, à chaque fois, une dilution d'un dixième). Pourtant, les effets de l'arnica se font toujours sentir et même plus fortement qu'avant. Il s'agit d'un métabolisme, identique à celui qui se déroule dans le corps humain. Là encore, l'eau est le milieu dans lequel se déroule la communication.

Le médecin allemand Samuel Hahnemann avait intuitivement compris cette règle bien qu'au début du XIXe siècle, époque à laquelle il fonda l'homéopathie, on ne connaissait pas encore la physique nucléaire. Paracelse, médecin et réformateur de la médecine du XVIe siècle, avait déjà émis cette hypothèse.

Les cristaux de glace, témoins de la mémoire de l'eau

Le docteur Masaru Emoto, chercheur japonais, a démontré visuellement la théorie de la mémoire de l'eau et publié à ce sujet différents ouvrages dont les *Messages de l'eau* (voir bibliographie). Le chercheur et son équipe ont prouvé, à l'aide de milliers de photographies, que l'eau « vivait » et pouvait absorber, mémoriser et communiquer des sentiments et des informations. Le physicien allemand Wilfried Hacheney estime que cette capacité permet de mesurer la qualité de l'eau.

Le docteur Emoto a photographié les influences directes des informations ou des forces constitutives sur l'eau. Sur cette planète, il n'existe pas deux flocons de neige identiques ; ils sont tous différents, comme les empreintes digitales humaines. Masura Emoto en a donc déduit qu'il ne pouvait pas exister deux cristaux de glace identiques, conclusion qu'il confirma par des observations de la glace sous microscope. Les scientifiques japonais ont ainsi pu constater sur les clichés le « caractère unique » d'une eau, conformément aux déductions de Masura Emoto.

Dans notre monde où l'informatique est omniprésente, nous employons volontiers le terme *informations* mais, en ce qui concerne l'eau, il vaudrait mieux parler de *forces constitutives*. Celles-ci font référence aux forces de la nature qui modèlent les organismes vivants. Pourquoi, par exemple, les fleurs n'ont-elles pas toutes

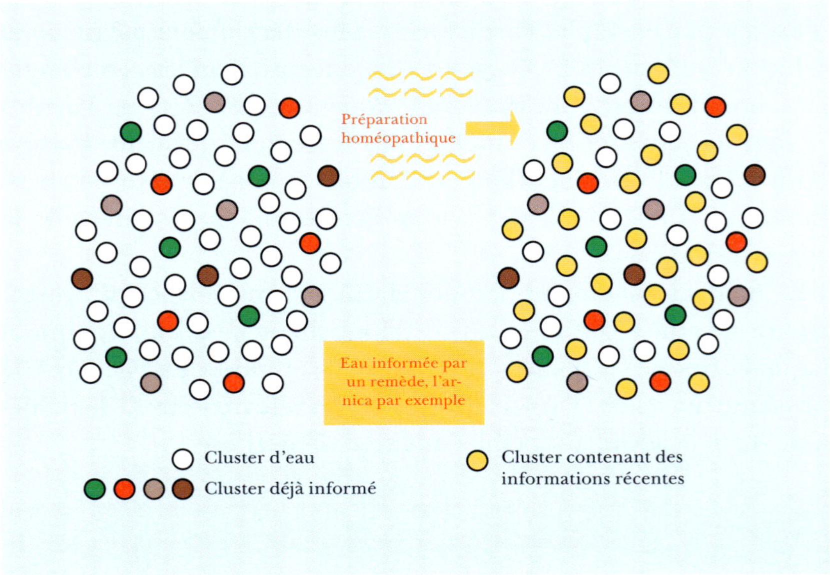

Selon le professeur Jacques Benveniste, la mémorisation des informations de l'arnica, par exemple, s'effectue dans les clusters d'eau au moment de la préparation des remèdes homéopathiques. Sur le plan chimique, aucune molécule de la substance d'origine n'est décelable à partir de la dilution D23. Pourtant, les capacités de guérison sont renforcées car elles sont mémorisées physiquement dans l'eau.

la même forme ? Les forces constitutives étant toutes différentes, elles entraînent une grande diversité de formes, de couleurs et de fonctions. En physique nucléaire, on parle d'*oscillations*; chaque atome, chaque corps produit une oscillation mesurable tout à fait spécifique. Ces oscillations créent des forces – les forces constitutives – qui, dans notre exemple, forment les cristaux d'eau. Toute substance qui entre en contact avec une goutte d'eau laisse des forces constitutives dans son sillage. La « mémoire » de cette goutte s'inscrit dans le cristal de glace qu'elle crée. Ce cristal, observé sous microscope, nous permet de juger de la qualité de l'eau.

D'après les clichés de Masura Emoto, une eau de source fraîche crée de magnifiques cristaux ; présentées dans un écrin filigrané très sobre, ces œuvres uniques de la nature se caractérisent par une grande élégance et une forme parfaitement achevée.

Gauche : Les informations mémorisées sont visibles dans la glace

Droite : Une glace non structurée est le signe d'une eau polluée

L'eau des ruisseaux et des fleuves naturels qui s'écoulent dans un environnement encore relativement préservé produit elle aussi de beaux cristaux complets.

En ce qui concerne les grands fleuves des pays industrialisés, il faut bien distinguer les cours supérieurs des cours inférieurs. Dans les cours supérieurs, on peut parfois observer la formation de cristaux lorsque l'eau est encore assez propre mais ceux-ci présentent souvent des déformations ou ne sont qu'à moitié formés.

Dans leurs cours inférieurs, gravement pollués par l'industrie, les particuliers et l'agriculture, plus aucun cristal ne se forme ou, sinon, uniquement des ébauches tronquées. Plus rien ne subsiste de la beauté des autres cristaux.

Tous les êtres vivants ont besoin d'une eau de qualité

Le docteur Emoto a également étudié l'eau du robinet. Il a prouvé que la qualité de l'eau diminue rapidement lorsque cette eau est propulsée dans des canalisations sous haute pression. Cette eau ne crée plus que des cristaux tronqués et malades.

Pour obtenir un nettoyage chimique substantiel, un système de filtrage, même s'il n'est pas suffisant, reste fortement recommandé. Pour obtenir une eau dépourvue d'oscillations étrangères et la modifier sur le plan structurel (taille des clusters et des gouttes d'eau, surface interne et dynamisme de l'eau), il faut recréer mécaniquement les mouvements et les tourbillonnements intenses et rythmés que la nature a prévus. Ils permettent de créer des surfaces internes plus grandes et d'intégrer des forces de capillarité et de traction plus importantes.

L'énergie de l'eau

Grondement d'une cascade : les forces de la nature règnent en maître et façonnent l'environnement.

Le mouvement et le tourbillonnement

Par un mouvement permanent et des tourbillonnements rythmés, la nature dynamise l'eau, dissocie les clusters et augmente sa surface interne. Comme les liaisons des molécules en surface sont moins solides, l'eau devient plus réactive et plus vivante, son énergie change de nature. L'énergétisation de l'eau correspond donc non seulement à une modification quantitative de l'énergie mais aussi et surtout qualitative. Mais, en rectifiant radicalement les cours d'eau, l'homme a bouleversé leur énergétisation continuelle à travers le mouvement, la diminution de la taille des gouttes d'eau ainsi qu'à travers l'augmentation de la surface interne.

L'eau possède une grande énergie. Mais il n'est pas question ici de l'énergie que les centrales hydrauliques utilisent pour produire de l'électricité. Dans ce cas, la turbine utilise le mouvement de l'eau, son énergie cinétique résultant de l'énergie potentielle gravitationnelle. Il ne s'agit pas de l'énergie interne de l'eau. Il n'est pas question non plus de l'énergie dégagée en chauffant l'eau. Cette dernière est perdue lorsque l'eau refroidit. L'eau possède pourtant une énergie durable qui a une action positive sur l'organisme. Mais de quel type d'énergie s'agit-il ?

L'énergie dans l'eau

Une eau de mauvaise qualité est constituée de gros clusters artificiels. Peu énergétique, elle garde en mémoire de nombreuses informations nocives. On emploie souvent le concept d'eau « morte » pour la qualifier ; toutefois, ce terme n'est pas très heureux et trop chargé émotionnellement. Il est préférable de parler d'eau inerte et peu énergétique. Beaucoup de pôles d'attraction des molécules d'eau sont occupés par des substances polluantes ou d'autres molécules d'eau et ne permettent plus à l'eau d'accomplir ses tâches. Une telle eau n'a que peu de forces de capillarité et de traction. N'oublions pas que la pression élevée dans les canalisations favorise la formation de clusters, détruit la vitalité de l'eau et les fines structures moléculaires.

Une eau de bonne qualité ne comporte presque aucun cluster ; elle est très énergétique et possède de puissantes forces de capillarité et de traction. Dans notre organisme, son effet est optimal et, comme elle est exempte de toute information nocive, elle peut transmettre des informations vitales, être un excellent moyen de transport, servir de solvant, etc.

Pour comprendre le concept de l'énergie de l'eau, faisons une expérience : si l'on pose un aimant sur une table et si l'on approche au-dessus de lui un deuxième aimant, la force d'attraction sera si grande que l'aimant posé sur la table sera attiré vers l'autre et se soulèvera de la table. Cela signifie que les deux aimants ont fourni un travail et consommé de l'énergie. Pour les séparer, il faut apporter de l'énergie de l'extérieur afin de vaincre la force d'attraction qui les soude l'un à l'autre.

Les molécules d'eau qui s'agglomèrent en clusters se comportent comme des aimants. Là aussi, il faut déployer de l'énergie pour les dissoudre et empêcher qu'ils ne se reforment. Chaque liaison entre deux molécules d'eau correspond à une quantité d'énergie bien déterminée. On peut donc dire que la quantité d'énergie contenue dans l'eau est proportionnelle au nombre de molécules d'eau liées

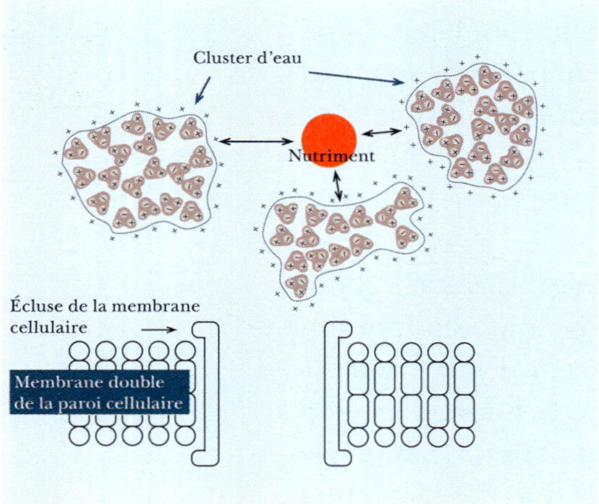

Eau clustérisée sans énergie : passage des nutriments à travers la membrane cellulaire entravé

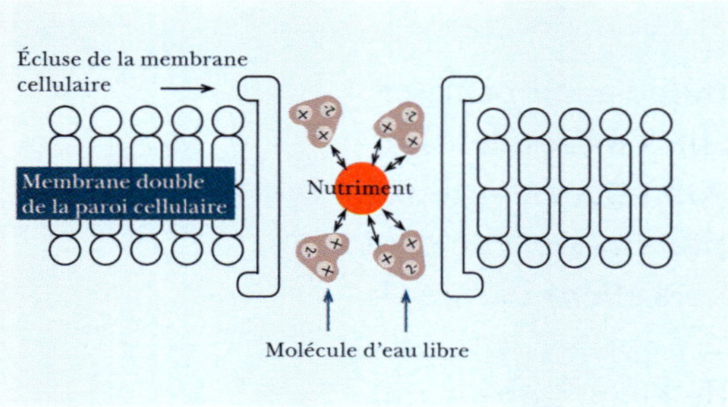

Eau énergétique dépourvue de clusters : libre passage des nutriments à travers la membrane cellulaire

les unes aux autres. La valeur énergétique de différentes eaux peut être considérable.

Les tourbillons apportent l'énergie nécessaire pour dissoudre les clusters et accroître la surface interne. L'énergie potentielle est transformée en énergie cinétique lorsque l'eau s'écoule et dévale les cascades, alimentant d'innombrables tourbillons. L'énergie des tourbillons permet à l'eau de garder à disposition l'énergie nécessaire à sa régénération.

Sur le plan technique, il est possible de reproduire l'apport énergétique des tourbillons. Pour cela, il faut bien entendu apporter une très grande énergie et un tourbillonnement continu pour obtenir une régénération approfondie.

La dissolution des clusters permet d'augmenter considérablement la surface interne de l'eau. Si l'on peut diminuer la taille d'une goutte à un millième de la taille d'une goutte d'eau dans une nappe de brouillard, on accroît la surface interne de plusieurs centaines de milliers de mètres carrés par litre d'eau. À titre de comparaison, une eau du robinet ordinaire possède bien souvent une surface interne de seulement 1 000 m²/litre.

Naturellement, ces représentations ne sont que des modèles qui permettent d'expliquer le comportement de l'eau et ses transformations. Personne ne sait si elles sont conformes à la réalité. Mais elles nous aident malgré tout à comprendre les relations complexes de l'élément liquide avec son environnement.

Les effets de l'énergétisation

Une eau très énergétique et composée de petits clusters s'écoule plus facilement, notamment dans les capillaires*. Cela revêt une importance capitale pour l'organisme car l'eau doit pouvoir passer dans ces minuscules vaisseaux, les vaisseaux lymphatiques, les méninges ou l'espace intercellulaire.

Prenons un exemple imagé : un ballon de football ne peut absolument pas passer à travers un trou de serrure. Si nous divisons le ballon en milliers de petites billes grosses comme une tête d'épingle et de dimension égale, les billes pourront passer l'une après l'autre à travers le trou.

Correspondance imagée :

- gros ballon de football : gros cluster d'eau,
- petite tête d'épingle : petit cluster dissous.

La capacité de dissolution d'une eau est d'autant plus grande qu'elle est composée de petits clusters – souvenons-nous des pôles d'attraction libres et des forces de capillarité de l'eau. Elle est plus efficace pour désintoxiquer le corps et transporter les nutriments : sa grande surface interne possède une capacité d'absorption plus importante. Dans notre corps, elle s'écoule plus facilement, elle est douce et ronde ; on est incité à en boire davantage.

Une eau dotée de bonnes qualités physiques n'est pas encombrée par des informations nocives et peut maintenir les liquides corporels – sang, lymphe, etc. – dans un état colloïdal optimal.

La présence d'une eau de qualité est immédiatement reconnaissable dans de nombreux processus.

Avec une eau très énergétique, le levain agit plus rapidement et plus intensément dans la pâte ; le pain et les pâtisseries sont plus légers et plus savoureux, ils exhalent une odeur plus alléchante et restent frais plus longtemps.

Fait très surprenant mais prouvé, l'eau d'une excellente qualité physique ralentit nettement la formation de moisissures. Certes, celles-ci sont nécessaires dans la nature pour détruire les matières malades ou mortes et les réintégrer dans le cycle naturel mais elles sont toujours le signe d'une maladie ou d'un état colloïdal perturbé. En effet, les moisissures et les champignons ne se développent jamais sur un tissu cellulaire sain. Une infection fongique

* Les capillaires sont des vaisseaux sanguins de très fin calibre (du latin *capillus*, « cheveu »).

apparaît presque toujours dans un environnement pollué par les métaux lourds puisque les champignons aident l'organisme à lier ceux-ci. Comme avec les autres agents pathogènes, nous sommes contaminés uniquement lorsque nous sommes affaiblis ou intoxiqués par d'autres éléments. Si les moisissures se développent nettement moins sur un pain élaboré avec une eau très énergétique et des céréales non traitées, cela montre la très grande vitalité et la salubrité du pain. Celui-ci sera également plus digeste pour l'organisme.

Des graines semées avec une eau très énergétique poussent mieux, les boutures racinent plus rapidement et le sol stocke plus facilement l'humidité. En règle générale, les plantes se développent plus vite et sont plus robustes.

Si l'on boit une eau traitée naturellement, l'activité biophotonique s'accroît dans l'organisme. Ces signaux lumineux permettent aux cellules de communiquer entre elles et servent apparemment à coordonner les groupes de cellules, les tissus et les organes. Une activité biophotonique accrue signifie donc une meilleure communication cellulaire et prouve l'action positive de l'eau énergétisée sur la santé.

L'oxygène dans l'eau

Dans l'air, la concentration en oxygène s'élève à 21% tandis que celle de l'azote est de 78%. Le rapport oxygène-azote est donc d'environ un pour quatre. Le 1% restant est composé de dioxyde de carbone et des gaz rares. Une absorption supplémentaire d'oxygène par l'eau est-elle possible et nécessaire ?

D'après des études récentes, une eau potable enrichie en oxygène contribue effectivement à approvisionner de manière optimale les cellules en oxygène. Le docteur Pakdaman, de l'Université de Düsseldorf, a démontré que le taux d'oxygène dans le sang augmente dix minutes après avoir consommé une eau enrichie en oxygène (voir *L'eau dans le métabolisme*, p. 161). Mais ce n'est pas tant la quantité d'oxygène absorbée chimiquement qui est significative – car elle est effectivement minime par rapport à l'oxygène absorbé dans l'air – que les informations, voire les forces constitutives, apportées par cette eau enrichie.

Lorsque l'eau potable contient l'information « oxygène », elle incite le sang et les cellules à en absorber davantage. L'eau a dans ce

cas une action stimulante en s'adaptant aux processus naturels de l'organisme et en les soutenant. Lorsqu'on boit de l'eau enrichie en oxygène, l'intestin, le sang et les tissus deviennent plus réceptifs à cet élément.

Selon le docteur Pakdaman, la muqueuse buccale absorbe une petite partie de l'oxygène contenu dans l'eau. Le nerf gustatif avertit alors le cerveau de l'arrivée de l'oxygène. Une fois dans l'intestin, l'oxygène traverse la paroi, parvient dans la veine porte puis dans le foie. Il accroît la capacité de désintoxication de cet organe qui le consomme en grande partie. De nombreux sportifs constatent qu'ils récupèrent plus vite lorsqu'ils boivent une eau enrichie en oxygène. Du fait de la voie d'absorption de l'eau, la teneur en oxygène dans le sang augmente dans la veine porte et le foie mais reste stable dans l'ensemble du système sanguin.

En tourbillonnant naturellement, l'eau absorbe sans cesse de l'oxygène (exemple d'une cascade).

Étant donné que la quantité d'oxygène absorbée en buvant de l'eau est minime par rapport à celle absorbée par les poumons, il n'y a aucun risque de surdosage. Une partie de l'oxygène reste dans l'intestin et les cellules intestinales. Là, l'oxygène contenu dans l'eau vient alimenter les bactéries aérobies (vivant dans un milieu oxygéné) qui jouent un rôle important dans la flore intestinale, empêchant une multiplication excessive des bactéries saprophytes anaérobies (se développant en l'absence d'oxygène).

On attribue aujourd'hui beaucoup de vertus à l'eau enrichie en oxygène. Celui-ci permettrait de ralentir le vieillissement, il augmenterait la vitalité physique et intellectuelle, stabiliserait l'état de santé général, améliorerait les défenses immunitaires, favoriserait la guérison et la convalescence, préviendrait le vieillissement cutané prématuré et, surtout, augmenterait les performances physiques, la vitalité et les capacités de concentration. Chacun d'entre nous peut facilement vérifier ce dernier point.

Oxygène ou acide carbonique ?

À l'heure actuelle, les fabricants de boissons remplacent l'oxygène présent naturellement dans l'eau par de l'acide carbonique ajouté artificiellement. Les boissons dont l'eau est bouillie, comme le café ou le thé, n'ont plus d'oxygène dissout. Les hommes recevaient autrefois un apport en oxygène bien plus important à travers l'eau qu'ils buvaient que les hommes d'aujourd'hui. De nombreuses recherches partent du principe que 35% de la population manque d'oxygène de manière chronique. Il s'agit là d'une conséquence directe d'une consommation courante de boissons artificielles, d'une alimentation industrielle artificielle et médiocre, d'une destruction et d'une pollution de l'environnement ainsi que d'un manque d'exercice physique en plein air. Tout cela entraîne de la fatigue, un surmenage permanent, une perte de vitalité, une baisse des performances jusqu'à atteindre un état d'épuisement physique et intellectuel continuel. Il est également connu que le cancer prolifère sur des terrains mal oxygénés. Les cellules passent par nécessité d'un métabolisme aérobie à un métabolisme anaérobie pour continuer à survivre. Il s'ensuit une prolifération cellulaire incontrôlée (voir le chapitre 2).

Dans la nature, grâce à un écoulement libre et rythmé, l'eau comporte toujours l'oxygène atmosphérique ainsi que d'autres gaz comme l'azote. Point important, ce phénomène d'absorption se produit en l'absence de toute pression.

Pression ou aspiration ?

Pourquoi existe-t-il dans la nature aussi peu de processus se produisant sous une pression élevée ? Certainement parce que la pression peut être dévastatrice. Toute forme de résistance entraîne une augmentation de la pression jusqu'à provoquer la rupture ou la destruction. Cela n'est pas possible avec les forces de capillarité qui ne s'intensifient pas lorsqu'elles sont confrontées à une résistance. Elles possèdent une puissance maximale qu'elles ne dépassent pas. Dans la nature, ces forces d'aspiration garantissent en permanence un juste équilibre entre pression et résistance.

La surpression peut même se révéler dangereuse, comme par exemple l'hypertension artérielle, la tension intraoculaire trop élevée, la trop forte pression due au stress, qui sont toutes des affections préjudiciables à la vie.

La force gravitationnelle est une force pouvant entraîner une pression, une accumulation, un poids, une décomposition et un délabrement.

La force antigravitationnelle est une force de la légèreté, des organismes animés, vivants, organiques, bâtisseurs, implosifs, aspirateurs et tracteurs.

Dans l'eau naturelle, l'oxygène ne se dissout pas sous l'effet de la pression mais sous l'effet de l'aspiration. Celle-ci s'exprime dans des tourbillons hélicoïdaux étalés sur une grande surface qui agitent perpétuellement l'eau mais également sur des galets, des accidents du terrain, des protubérances ou sur tout autre obstacle dans le courant – de simples tiges de roseaux sur la rive par exemple.

Pourquoi est-ce si important ? Dans les années 1970, sous la direction du docteur Türkauf, l'Institut Max Planck de Göttingen et l'Institut des isotopes de Bâle ont mené des recherches sur l'isotopie de l'oxygène. Le terme *isotope* (voir note p. 122) fait référence aux atomes dont les éléments peuvent avoir des noyaux atomiques différents. Selon le modèle atomique admis, les noyaux sont composés de protons et de neutrons. Les isotopes d'un même élément possèdent un nombre de protons identique et un nombre de neutrons différent.

Composé de huit protons et de huit neutrons, l'oxygène a donc une masse atomique de 16. Cette valeur est indiquée en exposant à gauche du symbole de l'élément (^{16}O). En règle générale, on parle simplement d'*oxygène 16* ou *O16*.

Outre l'oxygène 16 (^{16}O), il existe des isotopes d'oxygène plus légers et d'autres plus lourds. Dans l'atmosphère, l'oxygène est naturellement présent avec des masses différentes, mais l'oxygène 16 prédomine largement à environ 98%.

Il est reconnu que l'oxygène 16 a une action fortement oxydante, c'est-à-dire qu'il se lie à d'autres substances au cours de processus de combustion, également nommés *oxydation*. Les liaisons créées sont appelées *oxydes*.

Pourtant, l'oxygène 16 a gardé son caractère agressif. Nous pouvons le constater sur nos véhicules qu'il finit tôt ou tard par recouvrir de rouille, en s'associant avec le fer (symbole Fe, dérivé du latin *ferrum*) pour former un oxyde de fer (Fe_2O_3).

Notre organisme sait tirer parti de cette liaison spéciale avec le fer. Celui-ci permet de fixer l'oxygène sur l'hémoglobine, qui donne au sang sa couleur rouge, et de le transporter dans les vaisseaux sans dommage. L'oxygène parvient dans nos cellules où il brûle surtout du glucose et fournit l'énergie dont elles ont besoin.

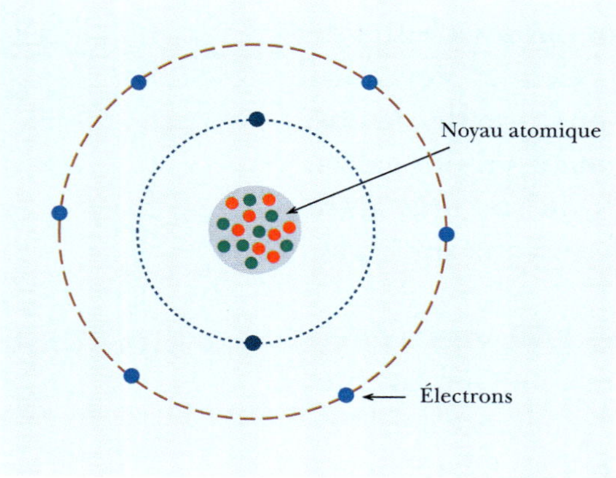

Modèle atomique de l'oxygène : noyau composé de huit protons (rouges) et de huit neutrons (verts), autour duquel gravite le nuage électronique formé par huit électrons (bleus).

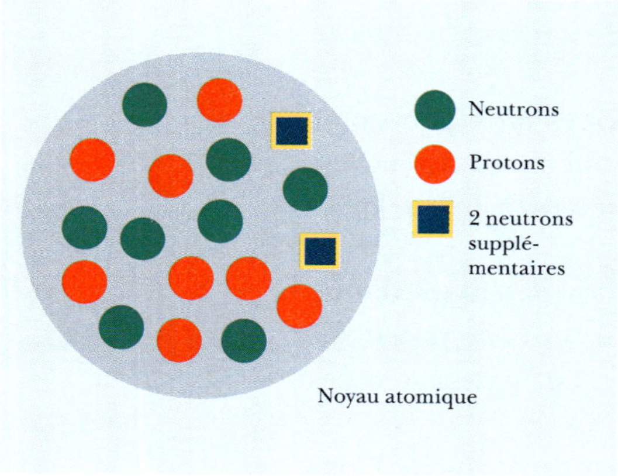

Isotopie : modèle atomique de l'oxygène avec deux neutrons supplémentaires dans le noyau (carrés encadrés en jaune).

Dans l'organisme, l'oxygène ne doit pas jouer d'autre rôle que celui d'acteur de la respiration cellulaire. S'il vient à se libérer et à se lier avec d'autres substances que celles à brûler, il peut causer des dégâts en détériorant et en détruisant les cellules, comme un incendie qui ne se limiterait pas au bois dans la cheminée mais se propagerait à toute la maison.

La dissolution de l'oxygène sous pression

Si l'on ajoute artificiellement de l'oxygène sous pression dans l'eau, les isotopes dissous sont quantitativement égaux à ceux auparavant présents dans l'air, l'oxygène 16 étant présent dans une très forte proportion. Dans ce processus de dissolution, aucune sélection d'isotopes n'a lieu car celle-ci est rendue impossible par la pression qui introduit de force les éléments dans l'eau.

La dissolution de l'oxygène par aspiration

Si l'oxygène est introduit naturellement dans l'eau par aspiration, en l'absence de toute pression et grâce à des tourbillonnements naturels, l'oxygène de masse atomique 18 (^{18}O) est comparativement dissous en plus grande quantité. Dans ce cas, une sélection d'isotopes a lieu au cours du processus de dissolution. Comme ils se distinguent par leur masse atomique, ils possèdent des propriétés physiques différentes et peuvent être séparés en laboratoire par centrifugation accélérée. Le processus du tourbillon est similaire celui de la centrifugation et agit plus fortement

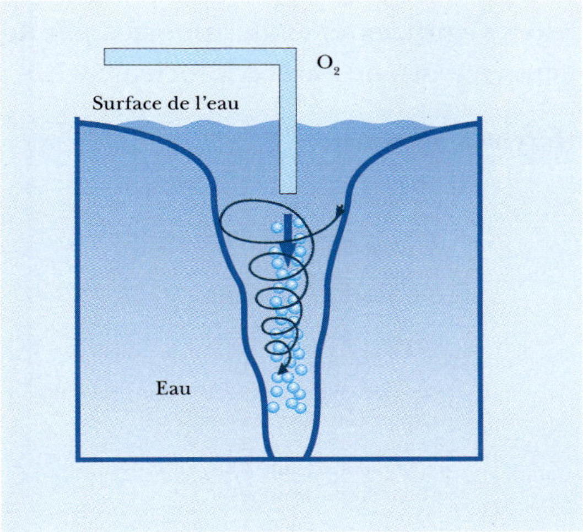

Oxygène introduit dans l'eau par aspiration grâce à un tourbillon (sans surpression)

sur l'oxygène 18 dont la masse est 12,5% plus élevée que celle de l'oxygène 16.

Comme l'oxygène 18 est moins agressif que l'oxygène 16 – dans certains cas, il a même des propriétés anti-oxydantes – le comportement de l'eau se modifie en conséquence. Une expérience toute simple permet de mettre en évidence ce comportement : on verse une poudre de fonte grise dans deux tubes à essai remplis d'eau. Dans le premier, on introduit de l'oxygène sous pression, dans le deuxième, on dissout de l'oxygène par aspiration. On observe alors deux comportements d'oxydation différents : dans le premier tube, on remarque une plus forte oxydation que dans le deuxième tube où elle est à peine perceptible.

La respiration humaine s'effectue également par aspiration. L'air n'entre dans les poumons qu'après avoir été humidifié et réchauffé dans les voies aériennes et les bronches qui se ramifient en bronchioles et en vésicules appelées *alvéoles.* C'est dans celles-ci que s'effectue la respiration, c'est-à-dire les échanges gazeux. L'oxygène et l'azote de l'air passent dans le sang au niveau de ces innombrables alvéoles pulmonaires aux parois extrêmement minces, tapissées de petits vaisseaux capillaires très fins. C'est dans les alvéoles que le dioxyde de carbone et l'eau contenus dans le sang sont également rejetés.

L'oxygène 18, favorable à la vie, insuffle une grande vitalité dans l'organisme qui le reçoit. Cela devient d'autant plus important qu'avec l'âge, on a une activité physique moins importante. Le manque d'oxygène peut alors s'aggraver et l'aide apportée par de l'eau enrichie naturellement en oxygène s'avérer précieuse.

Teneur en oxygène de différentes boissons :	
5 - 10 mg O_2/l	eau du robinet
2 - 4 mg O_2/l	eau minérale plate
0 - 1 mg O_2/l	eau minérale gazeuse
0 - 1 mg O_2/l	bière
40 - 200 mg O_2/l	eau enrichie en oxygène sous pression, disponible dans le commerce
env. 15 mg O_2/l	ruisseau aux eaux tourbillonnantes s'écoulant librement
env. 15 mg O_2/l	eau colloïdale dynamisée
env. 40 mg O_2/l	eau colloïdale dynamisée, avec enrichissement en oxygène

La stabilité de l'oxygène introduit dans l'eau

La question de la stabilité de l'oxygène dans l'eau est intéressante à étudier. Lorsque la teneur en oxygène d'une eau est élevée d'environ 15 mg d'oxygène par litre au-dessus de la concentration maximale naturelle, on observe un dégagement de gaz, après ouverture de la bouteille, jusqu'à ce qu'elle soit stabilisée autour de 10 à 15 mg/litre. Plus la température augmente, plus la vitesse du dégagement gazeux s'accroît et, lorsque l'oxygène est introduit artificiellement sous pression dans l'eau, on constate un dégagement assez rapide. Si l'oxygène est aspiré naturellement, le dégagement est nettement plus lent.

La stabilité de l'oxygène peut également être un critère d'évaluation de l'efficacité des différentes techniques de dynamisation de l'eau par tourbillonnement.

L'air est composé de 21% d'oxygène et d'environ 78% d'azote, le 1% résiduel étant constitué de gaz rares en quantité négligeable. L'azote est aspiré par les tourbillons dans l'eau au même titre que l'oxygène et sélectionné au niveau isotopique. 99,64% de l'azote atmosphérique est constitué de l'isotope ^{14}N et 0,36% de l'isotope ^{15}N. On retrouve cette même proportion une fois les gaz dissous dans l'eau. On obtient ainsi un rapport oxygène-azote de 1/1,5.

Comme le processus d'aspiration naturel induit des modifications isotopiques apparemment capitales pour la vie, les chercheurs devraient, à l'avenir, mettre l'accent sur ce thème.

Le rythme dans les processus vitaux

Dans la nature, tout est rythmé : le jour et la nuit, les phases de la lune, les saisons et le cycle de l'eau. Pour les organismes vivants, il est important qu'un mouvement naturel se produise toujours suivant un rythme. Dans ce contexte, *rythme* signifie « répétition régulière d'un mouvement », sans qu'il soit toutefois tout à fait identique au mouvement précédent. Quels que soient les processus vitaux observés, ils ont tous un rythme.

Prenons l'exemple du cœur humain : aucun battement n'est identique à un autre et toute notre vie, de la naissance à la mort, chaque battement est très légèrement différent des autres. La médecine parle de *variabilité du rythme cardiaque*. Si elle est élevée, l'individu est en bonne santé ; si elle diminue, il est malade. Si le rythme cardiaque s'écarte d'un type de battement caractéristique, un infarctus du myocarde est peut-être à craindre.

Autre exemple : la respiration. Les inspirations se succèdent en rythme sans toutefois se ressembler tout à fait. Elles varient en profondeur, en vitesse et en ampleur. Chaque émotion, sentiment, pensée, tension et mouvement les modifient. Elles reflètent l'état de notre corps dans sa globalité.

On peut citer de nombreux autres exemples comme la croissance, le développement, les formes (aucun homme ne ressemble à un autre, pas plus qu'aucune feuille ne ressemble à une autre), l'écoulement de l'eau, le flux du vent, les changements de temps, etc.

Dès que le rythme devient monotone, la vie est déséquilibrée. La santé cède la place à la maladie et la mort. Exprimé en termes positifs, le rythme varié est synonyme de vivacité.

En résumé :

- la vie est synonyme de rythme varié,
- la technique engendre une uniformité mécanique.

Si l'eau a besoin d'être régénérée physiquement, il faut lui imprimer un mouvement tourbillonnant rythmé, comme la nature crée des rythmes dans l'eau d'un cours d'eau naturel. Une allée tourbillonnaire se forme dans le sillage des obstacles avec, dans

Allée tourbillonnaire de von Kármán dans un cours d'eau

l'idéal, des tourbillons alternativement à droite et à gauche. Cela se produit aussi bien dans le cas de l'écoulement d'un liquide que de vapeur, de fumée ou de gaz.

Le phénomène de l'allée tourbillonnaire a été découvert puis calculé mathématiquement en 1911 par Théodore von Kármán, ingénieur et mathématicien hongrois. Lorsque l'eau contourne un corps arrondi, deux tourbillons stationnaires avec des sens de rotation opposés se forment dans des zones d'eau morte dans le sillage de l'obstacle. Cette formation de tourbillons dépend de la vitesse d'écoulement de l'eau. Si la vitesse du courant augmente, les tourbillons ne peuvent plus se maintenir derrière l'obstacle. Ils s'en détachent en alternant de côté et en tourbillonnant en sens opposé, tandis que de nouveaux tourbillons se forment en aval des précédents, et ainsi de suite. En raison de ces détachements alternés des tourbillons, le courant change périodiquement de sens derrière l'obstacle. Sous l'effet de ces forces, l'obstacle contourné par l'eau peut être stimulé et entrer en oscillation. La fréquence de détachement des tourbillons dans une allée tourbillonnaire de von Kármán peut être calculée mathématiquement. L'allée est un modèle de flux largement répandu dans la communauté scientifique. On peut non seulement observer ce phénomène dans l'eau courante mais aussi dans l'air avec, par exemple, des câbles électriques de lignes à haute tension qui « chantent » en cas de tempête.

Avec les formations de tourbillons alternés, le rythme est donc omniprésent dans la nature. Les forces qui s'y exercent peuvent être d'une grande violence.

Une eau dextrogyre ou lévogyre ?

Dans la nature, l'eau tourne dans les deux sens de manière indifférenciée comme le montre nettement l'allée tourbillonnaire de von Kármán et comme on peut l'observer dans la nature. Les deux mouvements sont nécessaires et pas plus néfastes l'un que l'autre.

En réalité, les molécules d'eau ne possèdent aucune structure que l'on pourrait qualifier de dextrogyre ou de lévogyre mais les clusters, eux, en sont pourvus !

Les clusters d'eau absorbent des oscillations et se forment en conséquence, construisant ainsi des structures dextrogyres et lévogyres. L'eau n'est pas dextrogyre ou lévogyre en elle-même mais elle peut mémoriser des informations, voire des forces constitutives, à rotation droite ou gauche.

Pour mémoire, les mouvements dextrogyres ont une action unificatrice, concentratrice et structurante. Les mouvements lévogyres ont une action dissolvante, destructrice et séparatrice. Nous avons besoin de ces deux types de mouvements dans notre organisme. Le caractère dextrogyre soutient tous les processus d'absorption, de structuration et de régénération tandis que le caractère lévogyre seconde tous les processus de décomposition et d'élimination.

L'eau naturelle tourbillonne dans les deux sens, parvenant à un état d'équilibre. En règle générale, il vaut mieux que l'eau soit neutre car on ne peut savoir quel sens de rotation est plus bénéfique pour nous. C'est d'autant moins possible de déterminer un sens que, sur une période prolongée, nous évoluons en permanence comme tous les êtres vivants.

L'eau qui s'écoule librement crée des tourbillons aux rythmes variés.

Chapitre 8

La régénération de l'eau dans la nature

Le cycle de l'eau

Partout dans le monde, l'eau potable de qualité devient de plus en plus rare. Le pouvoir et le pétrole ne sont plus les seuls enjeux des guerres ; à en croire l'ONU, l'eau va jouer un rôle décisif dans les conflits. Aujourd'hui, 1,2 milliard de personnes n'ont plus accès à une eau potable saine et, toutes les huit secondes, un enfant meurt des suites de maladies dues à une eau polluée.

La France dispose de ressources potentielles très importantes : le stock mobilisable d'eaux souterraines est estimé à 2 000 milliards de mètres cubes. Les précipitations annuelles représentent 440 milliards de mètres cubes, dont environ 70 milliards ruissellent tandis que 100 milliards s'infiltrent dans les nappes phréatiques et 270 milliards s'évaporent.

Les prélèvements annuels en eau représentent environ 41 milliards de mètres cubes (dont 85% d'eaux de surface et 15% d'eaux souterraines). L'eau potable provient à 63% d'eaux souterraines et à 37% d'eaux dites *superficielles*, issues de cours d'eau ou de lacs.

Sur ces prélèvements annuels, 25,5 milliards de mètres cubes sont utilisés pour le refroidissement des centrales thermiques, 4,5 milliards pour l'industrie (qui a diminué sa consommation ces dernières années), 5 milliards pour l'agriculture et 6 milliards pour la consommation d'eau potable.

Autrefois, l'eau potable était essentiellement puisée dans les eaux de surface s'écoulant dans les rivières et les lacs. L'eau de pluie était recueillie ou pompée dans de simples puits, à quelques mètres de profondeur. Elle était alors propre, pure, peu minéralisée et très énergétisée.

À cause de la pollution, ce mode de collecte est aujourd'hui impossible. Il est nécessaire de forer dans des nappes phréatiques profondes pour en pomper artificiellement l'eau. Les puits de pompage atteignent 80 m de profondeur et peuvent descendre jusqu'à plus de 1 000 m. Les eaux de surface, qui ne sont plus potables sur le plan chimique et bactériologique, doivent, elles, être traitées à grands frais.

Étudions en détail le cycle naturel de l'eau ; l'eau évaporée sous l'effet de l'énergie solaire est presque pure sur le plan chimique. Elle s'accumule dans les nuages pour retomber sous forme de pluie.

C'est en retombant que l'eau commence à être polluée. Excellent solvant, elle absorbe dans l'atmosphère des métaux lourds, des poussières, des liaisons soufrées, chlorées et fluorées, du monoxyde de carbone, du dioxyde de carbone, des matières radioactives, des solvants chimiques, etc. Elle est également perturbée par les rayonnements électromagnétiques des satellites dans les hautes couches de l'atmosphère, puis par les innombrables émetteurs et installations radar à terre. À tous ces polluants s'ajoutent les produits toxiques d'origine agricole – pesticides, fongicides, herbicides, insecticides et engrais (les fameux nitrates !). L'eau de pluie les absorbe et les entraîne dans les couches profondes du sous-sol. Par ailleurs, elle dissout des produits chimiques fortement toxiques accumulés, en très grande quantité, dans d'anciennes décharges sauvages. La pollution de l'eau a donc des origines diverses et variées. Elle peut être aussi le résultat de réactions chimiques incontrôlées et le plus souvent méconnues entre les nombreuses substances contenues dans l'eau. On estime aujourd'hui qu'environ 300 000 produits chimiques fabriqués par l'homme sont déversés dans la nature.

L'eau dispose de trois cycles naturels de régénération : premièrement, évaporation et élévation dans l'ionosphère ; deuxièmement, ruissellement et infiltration dans le sous-sol terrestre et, troisièmement, écoulement et tourbillonnement libres dans les cours d'eau et les mers.

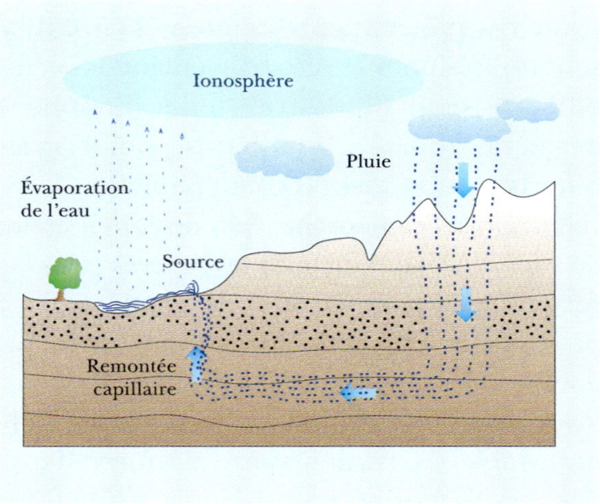

Du fait de ces réactions chimiques, on évalue à plus d'un million le nombre de produits chimiques de synthèse présents dans la nature.

Une grande partie de l'eau qui s'infiltre dans les différentes strates rocheuses se purifie à nouveau mais elle se charge aussi en sels et en minéraux par réaction avec les composés chimiques de ces roches.

Les strates rocheuses et sablonneuses sont parfois tellement saturées de substances toxiques que leur action nettoyante naturelle n'est plus efficace. Dans ce cas, ce ne sont plus les sols qui nettoient l'eau mais l'eau qui nettoie les sols en se chargeant de toxiques.

Si, en s'infiltrant, l'eau rencontre une couche imperméable, elle s'y accumule pour créer une nappe phréatique. Elle peut ensuite être forée par l'homme qui en pompe l'« eau brute » pour alimenter des stations de pompage. S'il suffisait autrefois de creuser de 5 à 10 m de profondeur pour trouver de l'eau propre, il faut aujourd'hui descendre parfois jusqu'à 1 000 m.

Malgré la grande profondeur de pompage, l'eau contient de très nombreuses substances chimiques du fait des réactions décrites précédemment. Il pourrait y en avoir des centaines, voire des milliers. Certaines ne sont pas connues et il n'existe pas de technique complète permettant de les mettre en évidence. Dans une station de pompage, une analyse étendue de l'eau concerne seulement, aujourd'hui, 50 à 100 substances ou groupes de substances.

Les forces autonettoyantes de la nature

Pour se régénérer en permanence, l'eau met en œuvre différents processus.

Première régénération
Nettoyage de l'eau dans la profondeur du sous-sol

L'eau de pluie s'infiltre dans le sol et, pendant parfois plusieurs centaines d'années, parcourt de grandes distances sous terre. Elle atteint ainsi de grandes profondeurs, de plusieurs centaines à quelques milliers de mètres, s'écoulant goutte à goutte à travers les minuscules pores des sols et des roches. Au cours de ce processus, de nombreuses substances toxiques restent prisonnières de minuscules cavités, comme dans un filtre. En s'écoulant à travers les capillaires – les plus fines veines des roches – l'eau diminue la taille des clusters, les plus grosses structures ne pouvant traverser les petites cavités rocheuses.

Ce processus se produit pratiquement sans aucune pression, uniquement par des forces de capillarité. Ce faisant, l'eau se régénère naturellement et lentement, à la fois sur le plan chimique, comme si elle passait à travers un filtre, et sur le plan physique, comme si elle tourbillonnait.

Si ce processus naturel est interrompu trop tôt – par exemple lorsque l'homme fore une couche phréatique pour approvisionner une station de pompage – l'eau n'a pas le temps de se régénérer suffisamment. Elle n'est pas « mature », elle est peu énergétisée et ne possède que très peu de forces de capillarité. Les clusters ne sont pas décomposés ni dissous et restent présents avec de grosses structures. Si l'on laissait assez de temps à cette eau, elle remonterait à la surface naturellement sans pression supplémentaire, grâce à sa considérable force de capillarité, pour jaillir sous forme de « source artésienne ».

Triste réalité actuelle : ce processus naturel de régénération de l'eau dans le sous-sol est de plus en plus perturbé et altéré par l'homme. Les sols sont surchargés de substances toxiques qui, au fil des années, finissent par obstruer complètement les cavités rocheuses et les capillaires. Ils se tassent chaque jour davantage sous l'action des engins agricoles, faisant disparaître les cavités les plus fines. Au lieu d'ameublir les sols, les eaux de pluie n'apportent plus que des polluants. Comme la plupart des individus, la terre

Nettoyage de l'eau par le mouvement

Les rectifications des cours d'eau sapent les forces autonettoyantes de la nature

souffre ainsi d'un engorgement chronique. C'est l'une des raisons qui explique les inondations de plus en plus fréquentes: les sols tassés et saturés n'absorbent plus les eaux de pluie qui ruissellent et se déversent dans les ruisseaux et les fleuves.

Deuxième régénération

Nettoyage de l'eau par un mouvement permanent

Dans les cours d'eau naturels, l'eau coule, clapote puis chute sur des rochers et des galets, créant ainsi des milliers de tourbillons et de remous. Les couches d'eau s'écoulent à des vitesses différentes les unes des autres, permettant de dissoudre les clusters. L'énergie nécessaire pour réduire leur taille est produite dans les cascades. L'énergie potentielle de l'eau (énergie induite par les différences d'altitude) se transforme en énergie cinétique (énergie du mouvement). La nature produit ainsi une eau exceptionnellement énergétisée et saine dans la mesure où l'homme ne perturbe pas ce processus.

Triste réalité actuelle: ce processus de régénération par le mouvement perpétuel de l'eau est aujourd'hui altéré. Là encore, l'homme s'oppose à la nature. Les cours d'eau sont de plus en plus rectifiés, contraints à couler dans des lits artificiels en pierre et en béton, sans pouvoir créer ni tourbillons ni rapides à travers les barrages.

Troisième régénération

Régénération de l'eau par l'évaporation et la pluie

En s'évaporant, l'eau s'élève dans l'atmosphère terrestre jusqu'à l'ionosphère, située à plus de 100 km d'altitude. Cette couche, la plus haute de l'atmosphère, constitue un voile fragile composé de particules chargées électriquement, les ions, protégeant la Terre des rayons cosmiques mortels.

Plus les gouttelettes qui composent la vapeur d'eau s'élèvent dans l'atmosphère, plus elles deviennent petites. Leur taille est parfois inférieure à 100 nm (soit un milliardième de mètre), ce qui correspond approximativement au millième d'une goutte de brouillard. Au cours de ce processus, les clusters sont décomposés et dissous, la surface interne de l'eau est considérablement plus importante. L'énergie nécessaire à cette évolution est fournie par le soleil qui attire les gouttelettes vers le haut.

Plus les gouttelettes sont petites, plus elles échappent à la force de l'attraction terrestre. Une fois dans l'ionosphère, les gouttelettes d'eau très finement décomposées s'enrichissent de l'énergie lumineuse apportée par les photons. L'eau provenant de cette couche atmosphérique est donc fortement énergétisée, d'une part grâce à son énorme surface interne et aux puissantes forces de capillarité qui en découlent et, d'autre part, grâce à l'absorption et à l'accumulation de photons.

Naturellement, l'eau évaporée ne s'élève pas dans sa totalité à de telles altitudes. La régénération de l'eau de pluie peut suivre un autre processus. Lorsque les couches atmosphériques atteignent un certain niveau de saturation en eau, des nuages se forment. L'eau évaporée se condense et retombe, sous forme de pluie, dotée de clusters très petits et d'une grande énergie. L'eau peut alors jouer un rôle positif pour les êtres vivants.

Linus Pauling, chimiste américain lauréat du prix Nobel, découvrit ce phénomène au début des années 1960, à l'aide de ballons-sondes lancés dans l'ionosphère. Ces ballons ont permis de récolter de l'eau à environ 80 km d'altitude et de montrer ses exceptionnelles propriétés : forces de capillarité énormes, grande capacité de dissolution, surface interne considérable et gouttes d'eau extrêmement petites.

Triste réalité actuelle : ce processus naturel est lui aussi perturbé par la pollution généralisée qui touche l'ensemble de la planète, et notamment son atmosphère. L'eau, si bien régénérée par son ascension dans l'ionosphère, traverse en retombant des couches atmosphériques polluées.

Les nombreux satellites en orbite autour de la Terre sont les premiers à désorganiser l'eau. Les rayonnements des émetteurs satellitaires créent des clusters, font vibrer l'eau de manière artificielle et enregistrent ces informations artificielles dans ces mêmes clusters. À ces altitudes, la structure de l'eau est également détruite par la radioactivité issue des essais aériens de bombes atomiques

Nettoyage de l'eau
par évaporation

réalisés dans les années 1960. De nos jours, les recherches du programme HAARP (High-frequency Active Auroral Research), menées par les autorités américaines en Alaska, contribuent à trouer et détruire l'ionosphère par des rayonnements intensifs. Cette destruction fait peser de nouvelles menaces sur la qualité de l'eau qui se régénère en partie dans cette couche atmosphérique.

Dans les couches atmosphériques plus basses, l'air est pollué en premier lieu par la navigation aérienne, encouragée par les États qui ne taxent pas le kérosène. À cette altitude, l'eau est très énergétisée, avec de nombreuses forces de capillarité libres pouvant absorber toutes sortes de substances toxiques. En retombant, elle est confrontée à de multiples pollutions.

À cause de la modification de l'environnement par l'homme, la régénération de l'eau par son ascension dans l'ionosphère n'est désormais plus suffisante.

Constat: aujourd'hui, toutes les forces autonettoyantes et de régénération de la nature sont durablement et de plus en plus perturbées.

Existe-t-il des solutions à ces problèmes ? Il ne fait aucun doute que la dégradation de notre planète doit cesser ! Et cela concerne chacun d'entre nous. Des relations commerciales respectueuses de l'environnement devraient aller de soi. Pourtant, les refus et les lenteurs de nombreuses nations, en particulier des États-Unis, concernant la réduction planifiée des émissions de polluants, montrent combien nous sommes encore éloignés d'une volonté de protection de la nature.

Heureusement, on est libre de régénérer l'eau potable, sous sa propre responsabilité, d'énergétiser les deux à trois litres d'eau consommés quotidiennement et d'en éliminer les informations nocives.

Nous pouvons imiter la régénération naturelle de l'eau par diverses techniques. Il suffit d'observer attentivement la nature. Elle nous montre les principes de filtration à travers les roches, d'énergétisation dans l'ionosphère et de tourbillonnement dans l'eau en mouvement.

En la traitant entièrement selon des procédés naturels, l'eau revient à un état idéal.

Chapitre 9

Le traitement de l'eau public

Distribution publique d'eau

La planète Terre, la « planète Bleue », est une planète dont 71% de la surface sont recouverts d'eau, ce qui représente environ 1,64 trillion de tonnes. Pourtant, l'homme dispose de moins de 1% de cette quantité gigantesque. 97,3% de cette eau sont composés d'une part, d'eau salée des mers et des océans et, d'autre part, de vapeur contenue dans l'atmosphère tandis que 2,1% de l'eau est présente sous forme de glace au niveau des pôles.

Malgré ces énormes réserves, l'eau potable est un bien précieux. En Europe occidentale, nous l'oublions souvent car nous n'en manquons pas grâce aux abondantes précipitations, contrairement à d'autres régions du globe où l'eau se fait extrêmement rare.

Eau de surface et eau souterraine

L'eau douce représente moins de 1% de l'eau présente sur la planète. À lui seul, ce chiffre éclaire cruellement la problématique de la pollution. L'eau douce est classée en deux grandes catégories : l'eau de surface et l'eau souterraine.

De nos jours, une eau de surface pure est un bien précieux

L'eau de surface comprend les ruisseaux, les fleuves, les lacs ainsi que l'eau des sources artésiennes. Toutes ces eaux ont en commun d'être aujourd'hui plus ou moins polluées et ainsi de ne plus pouvoir être utilisables pour les besoins humains. De nos jours, il n'existe que très peu de sources vraiment pures sur le plan chimique, biologique et physique ; la plupart d'entre elles se trouvent dans des régions reculées ou de haute montagne.

L'eau souterraine, en revanche, s'infiltre jusqu'à des strates plus vastes et plus profondes. Les différentes couches du sous-sol font office de filtre surdimensionné où les polluants sont absorbés. L'eau devenue ainsi plus ou moins pure s'accumule entre 50 et 300 m de profondeur, dans des nappes phréatiques qui peuvent être forées et dont l'eau peut être pompée à la surface. Sous nos latitudes, elle sert généralement d'eau potable.

De la nappe phréatique au robinet

Pour alimenter l'ensemble de la population française, pas moins de 40 000 captages, 700 000 km de canalisations et près de 16 000 usines de production d'eau potable sont nécessaires. La détérioration de la qualité de l'eau en de multiples endroits fait peser des contraintes de plus en plus lourdes sur les usines de distribution. Les contrôles sont d'autant plus fréquents que les volumes d'eau distribués sont importants. Dans les grandes agglomérations, plusieurs contrôles sont quotidiennement effectués et certains paramètres constamment suivis. En revanche, les petits villages, qui ne sont d'ailleurs généralement contraints qu'à deux ou quatre contrôles annuels, ne peuvent offrir les mêmes garanties pour d'évidentes raisons de coût. La qualité de l'eau est donc a priori plus fiable dans les grandes villes que dans les campagnes.

La qualité de l'eau potable est menacée par un nouveau danger : la privatisation des services de distribution d'eau. Car *privatisation* signifie toujours « rentabilité maximale » et rarement « amélioration qualitative ». À travers le monde, de grands groupes énergétiques investissent dans des services de distribution publics, avec comme conséquence des bénéfices confortables et une diminution de la qualité, les contrôles de qualité étant le principal poste de dépenses. La privatisation prévue, ou déjà réalisée dans certains cas, doit donc être observée avec méfiance si l'on en croit l'évolution des valeurs limites jusqu'à présent en vigueur. Dans tous les cas, le traitement de l'eau à domicile devient de plus en plus indispensable.

Du fait de la pollution insidieuse des sources d'eau potable, les grandes villes sont de plus en plus obligées d'aller puiser l'eau dans des réservoirs situés à des centaines de kilomètres, dans un environnement naturel. La baisse du niveau des nappes phréatiques qui s'ensuit menace la bonne santé de la flore et de la faune. Si une station de pompage est fermée à cause de la mauvaise qualité de l'eau, la zone de protection autour du captage est elle aussi abandonnée, entraînant une protection encore plus médiocre de la nappe phréatique face à l'infiltration de substances toxiques.

Les périmètres de protection des nappes phréatiques

Les périmètres de protection (PP) sont destinés à prévenir les contaminations par des substances polluantes autour des points de prélèvement d'eau. Il existe trois types de périmètres :

Périmètre de protection immédiate

Il s'étend généralement dans un rayon de quelques dizaines de mètres autour du point de captage. Il doit être clôturé et vise à éliminer tout risque de contamination directe de l'eau captée. Toutes les activités sont interdites sauf celles qui concernent directement l'exploitation du captage.

Périmètre de protection rapprochée

Couvrant une dizaine d'hectares autour et en amont du point de captage, ce périmètre a pour objectif de protéger le captage de la migration souterraine des substances polluantes. Les activités, installations ou dépôts peuvent être réglementés ou interdits s'ils risquent de nuire à la qualité des eaux (épandage, labour, fertilisation, techniques d'assainissement des eaux usées, stockage de produits dangereux, etc.). Sa surface est déterminée par les caractéristiques hydrogéologiques du périmètre (nature de la roche, fissures, etc.), de la vulnérabilité de la nappe et des risques de pollution.

Périmètre de protection éloignée

Ce dernier périmètre n'a pas de caractère obligatoire. Il renforce le précédent contre les pollutions permanentes ou diffuses et correspond à la zone d'alimentation du point d'eau, parfois même à l'ensemble du bassin versant. Les activités peuvent être réglementées compte tenu de la nature des terrains et de l'éloignement du point de prélèvement.

Le rôle d'une station de pompage

Le « traitement de l'eau » est une expression réservée aux services de distribution publics. Les dispositifs privés, comme les filtres par exemple, se contentent d'« améliorer » l'eau potable du robinet, préalablement traitée par la station de pompage.

Le traitement de l'eau est classé en sept catégories :

1. Tamisage

La filtration consiste à faire passer l'eau à travers divers filtres à mailles de plus en plus fines. Le filtre le plus grossier, dit *dégrossisseur*, retient les macroparticules tandis que le filtre le plus fin, dit *pré-filtre*, retient des impuretés plus fines comme le sable.

2. Sédimentation

Après son passage à travers des grilles qui retiennent les matières les plus grosses, l'eau est acheminée dans des bassins dits *de décantation*. Là, sous l'effet de leur poids, les particules en suspension se séparent lentement de leur milieu et se déposent. Elles sont précipitées à l'aide de réactifs coagulants – généralement du sulfate d'aluminium, du chlorure ferrique ou du sulfate ferrique. Elles constituent ensuite un « floc » qui tombe très lentement. L'ensemble de ces premières étapes de la clarification est généralement appelé *coagulation-floculation*.

3. Filtration

Ce procédé permet d'éliminer les métaux lourds, les précipités et autres résidus provenant de la déferrisation, de la démanganisation, de la désacidification et de l'adoucissement. Toutes ces techniques sont calquées sur les processus naturels de nettoyage des sols. L'eau s'infiltre à travers des bassins filtrants constitués d'un lit de sable. Contrairement aux filtres lents, les filtres rapides à base de sable siliceux retiennent mécaniquement les impuretés dans le grain du filtre. Du fait de la vitesse de passage élevée, les processus de dégradation biologiques ne jouent ici qu'un rôle secondaire.

4. Oxydation

Si l'eau à traiter contient une quantité importante de matières organiques ou bien des substances chimiques comme l'ammoniaque, le fer ou le manganèse, l'étape d'oxydation permet de fragmenter les composés non biodégradables et de les éliminer plus facilement au cours des étapes de nettoyage suivantes. Pour cela, on utilise un oxydant comme l'ozone, le permanganate de potassium ou le peroxyde d'hydrogène (également appelé *eau oxygénée*).

5. Adsorption sur charbon actif

Le procédé d'adsorption sur charbon actif permet d'éliminer, après un éventuel traitement par oxydation, des polluants organiques dissous.

6. Stabilisation de l'eau

6a. Désacidification

En règle générale, l'eau dont le pH est inférieur à 7 a des propriétés corrosives sur les matériaux. C'est pourquoi elle est filtrée sur de la dolomite non calcinée ou sur du marbre qui la débarrassent de l'acide carbonique, permettant ainsi d'élever le pH et de protéger les canalisations contre la corrosion.

6b. Déferrisation et démanganisation

Les composés ferreux et manganeux présents dans les eaux souterraines se déposent sur les parois internes des canalisations. Ils forment des couches successives sur lesquelles se développent des bactéries. Dans certains cas, elles peuvent obstruer totalement les canalisations. Par le procédé d'oxydation, le fer et le manganèse sont transformés en composés difficilement solubles qui sont ensuite éliminés par filtration.

7. Osmose inverse

Lorsque cette chaîne traditionnelle de traitement ne suffit pas – ce qui est de plus en plus souvent le cas, compte tenu de la quantité croissante de certains polluants comme les nitrates et les pesticides – certains traitements spécifiques comme l'osmose inverse sont appliqués afin d'obtenir une eau plus propre. L'eau osmosée extrêmement pure sera coupée avec de l'eau non traitée pour la rendre consommable. De nombreux secteurs économiques comme les grandes brasseries, les fabricants d'aliments pour bébés, les industries agro-alimentaires, pharmaceutiques et cosmétiques, ont de plus en plus recours à cette technique.

« Eau brute » claire avant traitement

L'eau potable obtenue à l'aide de ces diverses techniques plus ou moins coûteuses est stockée dans des bassins ou des réservoirs surélevés. Pour éliminer les germes, elle est en permanence chlorée ou subit très fréquemment une chloration de choc, également appelée chloration *de transport* ou *de sécurité*. Environ 30% de l'eau potable produite aujourd'hui est chlorée, malgré l'existence d'autres techniques comme l'ozonation ou les rayonnements ultraviolets. Trop coûteuses, ces dernières techniques ne sont pas utilisées par les compagnies des eaux qui se contentent le plus souvent de chlorer l'eau. Plus la teneur en humine, fraction la moins soluble des matières organiques du sol, est élevée dans l'eau brute, plus il y a de risque de voir se former du chloroforme – parent toxique du trihalométhane (THM). Les techniques d'ozonation et de rayonnements ultraviolets peuvent eux aussi favoriser la formation de trihalométhane bien que dans une proportion moindre.

De nombreuses stations de pompage se contentent des méthodes de traitement classiques comme la filtration sur lit de sable. Néanmoins, la qualité de l'eau potable se détériore presque partout, avec en vedette les taux de nitrate, dont la valeur limite de 50 mg par litre est très souvent dépassée. Les stations de pompage obtiennent des dérogations des pouvoirs publics les autorisant à doubler les valeurs limites tous les trois ans. En ce qui concerne les produits phytosanitaires, par exemple l'atrazine, elles peuvent même afficher des valeurs trente fois supérieures. À terme, les stations qui dépassent en permanence les valeurs seront fermées ou devront mettre en œuvre des traitements coûteux.

L'influence des canalisations d'eau

L'eau brute, devenue potable, parcourt maintenant diverses canalisations, où se dissimulent de nouveaux dangers, avant de parvenir chez le consommateur.

Les conduites d'amenée des stations de pompage aux installations domestiques sont en PVC, en acier ou en fibrociment. Par définition, le PVC est très nocif pour l'environnement. Dans les conduites en acier galvanisé, la couche de zinc transforme les nitrates en nitrites dès que l'eau présente un taux de nitrates de

10 mg/l. Dans ce cas, la valeur limite des nitrites, fixée à 0,1 mg/l, est donc 10 à 100 fois plus élevée que la normale. Dans l'estomac, les nitrites se lient aux sucs gastriques pour former de la nitrosamine, une substance très cancérigène.

Une eau dure ne pose pas de problème particulier dans les canalisations en fibrociment; en revanche, une eau douce au pH faible peut les détériorer. Le calcium dissout la structure du fibrociment qui libère alors des fibres d'amiante dans l'eau. Les pouvoirs publics tolèrent un taux de 50 000 fibres d'amiante par litre, ce qui, selon eux, ne représente pas de danger sérieux pour l'homme.

Concernant les installations domestiques, les canalisations sont en plomb, en cuivre, en acier galvanisé ou en plastique.

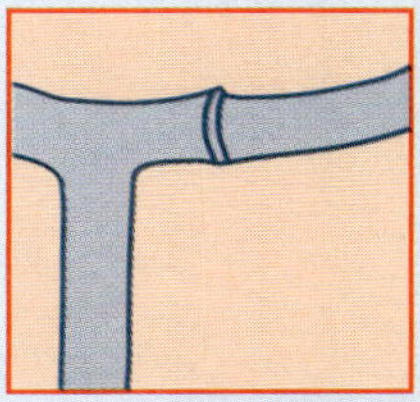

Canalisation en plomb

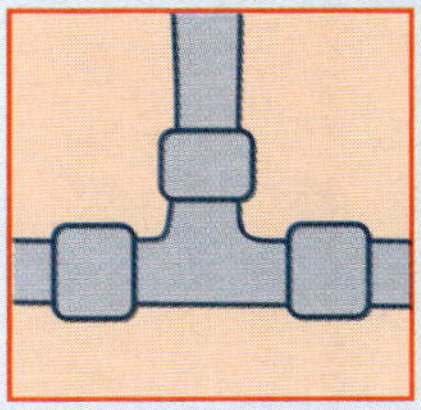

Canalisation en cuivre

Particularités permettant de distinguer les canalisations en plomb de celles en cuivre

Environ 10% des installations domestiques sont encore en plomb aujourd'hui bien que ce matériau ne soit plus utilisé en plomberie depuis environ 1960. Les conduites en plomb, de couleur gris argenté, sont molles et peuvent être rayées avec un couteau. Le plomb a été remplacé par le cuivre qui possède de meilleures propriétés techniques.

Le plomb peut être nocif même en concentrations très faibles. Il s'accumule dans l'organisme, perturbe la croissance et le bon fonctionnement du système nerveux. Il provoque notamment des troubles de la concentration, des maux de tête, des troubles du sommeil ainsi qu'une vulnérabilité accrue face aux agents infectieux. Dans l'eau potable, la valeur limite du plomb s'élève à 0,01 mg/l. Le plomb peut être éliminé de l'eau par des filtres-presses à charbon actif (voir chapitre 10).

Les canalisations en cuivre peuvent représenter un danger lorsque l'eau qui y circule est acide et douce. Chez le nouveau-né, le cuivre s'accumule dans le foie qui n'est pas encore capable de l'éliminer. Cela peut provoquer une cirrhose, c'est-à-dire une transformation du tissu hépatique en tissu conjonctif, bien souvent mortelle. Chez l'adulte, un empoisonnement au cuivre est certes considéré comme peu probable mais peut se produire dans de rares cas. Il provoque des symptômes comme une baisse insidieuse de la forme, des troubles de la concentration, une vulnérabilité aux infections, des troubles du métabolisme non spécifiques, jusqu'à une altération de l'hémogramme évoquant une leucémie.

La valeur limite du cuivre dans l'eau s'élève à 2 mg/l après un séjour de douze heures dans la conduite.

Le plastique serait le matériau idéal s'il ne favorisait pas la prolifération des germes. Il en est de même pour les raccords et les matériaux d'étanchéité, qui sont également propices au développement bactérien.

En revanche, les canalisations en inox peuvent être recommandées sans restriction. Celles homologuées par l'AFNOR ont subi des tests d'hygiène.

Des fuites dans le réseau de canalisations peuvent occasionner une contamination biologique. L'eau est alors de nouveau chlorée et le consommateur doit la faire bouillir si besoin avant de la consommer.

En France, le champ d'application de la loi sur l'Eau s'étend jusqu'au robinet; cela signifie que les valeurs limites de l'eau potable doivent être maintenues par les compagnies gestionnaires des eaux jusqu'au robinet du consommateur.

Dans diverses spécialités médicales qui utilisent de l'eau, le dépassement des valeurs limites va bientôt poser problème. Un dentiste a, par exemple, besoin d'eau pour refroidir ses fraises et pour rincer la bouche de ses patients où l'on détecte parfois des quantités de bactéries considérables. Ce dépassement des limites pose également des difficultés dans d'autres disciplines médicales pour rincer par exemple l'intestin, le conduit auditif et les sinus. Dans ces cas, des filtres-presse au charbon actif sont d'une aide précieuse en retenant les bactéries de manière efficace.

Les pollutions de l'eau sont donc très diverses: de la pollution atmosphérique à celle des sols en passant par les pollutions techniques créées par les traitements, le transport dans des canalisations, le stockage dans des citernes et l'emploi pour des usages médicaux.

L'agriculture biologique préserve la qualité de l'eau potable

L'agriculture biologique protège activement l'environnement et les nappes phréatiques. Le changement radical des mentalités dans les techniques de production industrielles et agricoles, la gestion économe des ressources énergétiques et les initiatives personnelles pour protéger l'environnement sont autant d'efforts à consentir pour pouvoir consommer avec plaisir une eau potable de qualité.

Chapitre 10

Le traitement de l'eau à domicile

Lorsque l'on améliore la qualité de l'eau potable préalablement traitée par une station de pompage, on parle de *retraitement*. Celui-ci prend une part de plus en plus importante pour le consommateur qui l'effectue à domicile, sous sa propre responsabilité. Il existe plusieurs techniques complètement différentes les unes des autres, agissant d'une part sur la qualité chimique et biologique de l'eau et, d'autre part, sur sa qualité physique.

Pour améliorer la qualité de l'eau du robinet, l'usager peut tout à fait la retraiter lui-même car il n'en utilise qu'une faible quantité. En effet, sur les cent cinquante litres consommés par jour et par habitant en France, seuls trois litres sont utilisés pour l'alimentation, le reste partant dans les canalisations d'évacuation.

Procédés modifiant la qualité chimique de l'eau :
1. Filtration sur charbon actif
2. Distillation par la vapeur d'eau
3. Osmose inverse
4. Procédés de décalcification avec échangeurs d'ions

Procédés modifiant la qualité physique de l'eau :
1. Procédés de dynamisation de l'eau (le plus souvent, appareils directement branchés sur la canalisation d'eau)
2. Procédés de tourbillonnement (le plus souvent, installations séparées de la canalisation d'eau)

Dispositifs améliorant la qualité chimique de l'eau

Filtre à charbon actif

Il en existe deux types : les filtres à cartouche et les filtres-presses. Leur principe de fonctionnement est cependant identique : l'eau s'écoule à travers les minuscules pores du charbon actif, les particules ayant une taille supérieure aux pores sont retenues tandis que les autres les traversent sans encombre. Les particules retenues sont liées chimiquement au charbon actif de façon qu'il ne les libère plus, même saturé.

Filtres à cartouche à charbon actif

Ces filtres ne sont pas conçus pour traiter l'eau mais uniquement pour améliorer son goût, notamment dans les boissons chaudes. Ils sont très simples à utiliser : l'eau s'écoule à travers le charbon actif qui se présente sous forme de gros granulat. Celui-ci retient les matières en suspension, les grosses particules et le chlore dans une proportion non définie exactement. Pour retarder l'apparition de germes, ces filtres sont enrichis en argent. Grâce à son action toxique pour les microbes, ce dernier élimine les bactéries ou ralentit leur développement.

Certains fabricants associent le charbon actif à un échangeur d'ions afin de réduire le taux de calcaire de l'eau. Si l'échangeur fait chuter ce taux de plus de 50% les premiers jours, ses performances diminuent très rapidement au fur et à mesure de l'engorgement du filtre. Il s'agit d'une installation assez peu fiable dénoncée régulièrement par les associations de consommateurs.

Avantage: le filtre à cartouche est relativement bon marché.

Inconvénient: la qualité de filtration du filtre à cartouche est incertaine. En cas d'engorgement, des quantités très importantes de matières filtrées peuvent soudainement être libérées dans l'eau potable sans que le consommateur ne le remarque immédiatement. C'est pourquoi il est absolument nécessaire de changer le milieu filtrant tous les mois. Autre inconvénient: les bactéries colonisent le filtre relativement vite après son ouverture et ses performances diminuent rapidement au fil du temps.

Filtres-presses à charbon actif

Plus fiables que les filtres à cartouche, les filtres-presses sont une innovation majeure dans le domaine des filtres à charbon actif. Ils sont insérés dans un cylindre gainé d'un filet en plastique d'environ 30 cm de haut. Le cylindre est lui-même intégré de manière hygiénique et sûre dans un boîtier auquel sont raccordés un tuyau amenant l'eau brute et un autre évacuant l'eau purifiée.

La taille des pores du charbon actif de ces filtres est considérablement plus petite que celle du filtre à cartouche et est calculée directement à partir des interstices entre les particules de charbon actif. Lorsque l'eau s'écoule entre ces interstices, les substances indésirables contenues dans l'eau, c'est-à-dire les polluants, sont aspirées par les forces de capillarité des pores du charbon actif. Celui-ci modifie les polluants chimiquement, les faisant augmenter de taille pour mieux les fixer de façon sûre et durable. La surface interne du charbon actif étant considérable (équivalente à plus de soixante terrains de football), les performances du filtre sont étonnamment élevées.

Les filtres-presses peuvent être installés soit sous l'évier, soit à côté de celui-ci sans frais supplémentaires. Vendus à des prix relativement abordables, ils sont très fiables si l'on respecte les intervalles de remplacement du filtre. Selon le modèle, celui-ci doit être changé après 5 000 ou 10 000 litres d'eau écoulés ou, au plus tard, après six mois de fonctionnement.

Si l'on souhaite combiner ce type de filtre à un échangeur d'ions pour réduire le taux de calcium, il existe des dispositifs pourvus de deux blocs filtrants montés l'un derrière l'autre, le charbon actif étant placé en amont de l'échangeur d'ions.

Les performances des filtres-presses varient très largement d'un fabricant à l'autre. Certains filtres ne retiennent que le chlore, comme le filtre à cartouche, tandis que d'autres peuvent filtrer de manière fiable des germes pathogènes, des bactéries, du cuivre, des pesticides, des substances apparentées aux hormones, etc.

Le premier fabricant mondial des filtres-presses à charbon actif indique que l'un de ses modèles, fritté et doté d'une finesse de filtration de 0,45 µm (soit 0,000 45 mm ou 450 nm), garantit les performances de filtration suivantes :

Bactéries 99,9%	Plomb 90%
Micro-organismes 99,9%	Lindane 99,8%
Champignons, levures 99,9%	DDT 99,8%
Virus polio 99%	Atrazine 99,8%
Chlore 99%	Résidus médicamenteux 99,9%
Cuivre 99%	Pesticides polaires 99,9%

Le filtre retient également les particules de calcaire, de rouille, les cailloux, les mauvaises odeurs, etc. Il ne contient aucun additif tel que l'argent ou tout autre substance désinfectante. Ce procédé inhibe par nature toute colonisation bactérienne.

Le Service de surveillance technique de Hambourg, l'Université technique de Berlin, l'Université de Bielefeld ainsi que la Haute École spécialisée de Magdebourg ont effectué des mesures sur ce filtre en respectant la durée d'utilisation de six mois et la capacité de filtrage de 10 000 litres. Ces mesures tout à fait exceptionnelles servent aujourd'hui de référence.

Pour pouvoir comparer les filtres proposés sur le marché, il est important de savoir que les directives et les méthodes de mesure des valeurs de retenue sont très différentes d'un pays à l'autre.

La distillation

Dans ce procédé, l'eau à traiter est entièrement vaporisée puis de nouveau condensée.

Avantages de ce procédé :

1. Si l'eau traitée ne stagne pas, le procédé permet d'éviter toute prolifération bactérienne.
2. Il élimine presque toutes les substances présentes dans l'eau, même les sels dissous, comme le calcaire par exemple.

Inconvénients :

1. La consommation d'énergie utilisée pour vaporiser entièrement l'eau est très élevée et devient très onéreuse au quotidien.
2. La distillation est une méthode totalement artificielle. Sur Terre, on n'observe aucun procédé de ce type, abstraction faite de quelques éruptions volcaniques. La nature ne distille pas, elle fait évaporer. Si la différence paraît négligeable à première vue, elle est pourtant considérable. Contrairement à la distillation, l'évaporation peut se produire à très basse température, même en hiver ! L'eau passe de l'état liquide à l'état gazeux, sans être chauffée jusqu'à son point d'ébullition. Le concept de germe de cristallisation est une autre différence entre la vaporisation et l'évaporation. L'eau naturelle n'est jamais totalement pure. Elle contient toujours certaines substances, ne serait-ce qu'une quantité infinitésimale de sel. En s'évaporant naturellement, l'eau ne se sépare pas de ces substances. Celles-ci restent présentes dans les gouttelettes. Dans le cas de la vaporisation sous l'effet de la chaleur, les gouttes se dissocient presque totalement des germes de cristallisation. Sans ces germes, l'eau va se condenser selon un processus artificiel, repassant de l'état gazeux à l'état liquide. Elle cherche alors par tous les moyens à retrouver le germe de cristallisation toujours manquant, allant par exemple le prendre dans les substances constituant le corps. C'est pourquoi l'inventeur américain du procédé de distillation a toujours fortement conseillé aux utilisateurs de ne boire au maximum qu'un demi-litre de cette eau par jour et d'y ajouter des jus de fruit extra frais. Malheureusement, cette recommandation est aujourd'hui largement tombée dans l'oubli.
3. L'eau distillée a un goût étrange, dénaturé, éventé et insipide.
4. Les appareils doivent être régulièrement détartrés, afin d'éviter une consommation d'énergie encore plus importante et une éventuelle surchauffe.

L'osmose inverse

L'osmose inverse trouve son origine dans le phénomène naturel qu'est l'osmose. Chaque cellule, végétale, animale ou humaine, fonctionne en effet sur le principe de l'osmose. Depuis plus de cinquante ans, la technique de l'osmose inverse, sans cesse perfectionnée, a fait ses preuves aux États-Unis et au Japon. Elle est notamment utilisée en médecine et dans des branches industrielles comme l'agro-alimentaire, la fabrication d'ordinateurs, l'industrie spatiale ou pharmaceutique. Plus d'un tiers des installations de dessalement d'eau de mer fonctionnent sur ce principe dans les pays du golfe Persique et dans d'autres régions de la planète où l'eau est rare. Sans l'osmose inverse, l'industrie ne pourrait couvrir ses énormes besoins en eau très pure. Quant aux particuliers, ils sont de plus en plus amenés à retraiter l'eau du robinet qui n'est désormais plus assez propre pour la boire telle quelle. L'osmose inverse représente à l'heure actuelle le système le plus efficace pour améliorer la qualité chimique de l'eau potable.

Les installations d'osmose inverse sont structurées de la manière suivante : l'eau du robinet traverse tout d'abord un préfiltre à sédiment qui retient les plus grosses particules – rouille, cailloux ou sable – d'une taille supérieure à 5 µm. Elle traverse ensuite le préfiltre à charbon actif, faisant office de filtre-presse retenant les algues, les levures, les bactéries, le chlore et les matières en suspension très fines. L'eau du robinet ainsi nettoyée parvient enfin au « cœur » de l'installation, au niveau de la membrane à osmose inverse qui filtre l'eau de manière extrêmement fine, séparant l'eau résiduelle, appelée *concentrat*, de l'eau potable très pure, appelée *perméat**. Les appareils modernes travaillent en continu et ne sont plus équipés de réservoirs pour stocker l'eau potable. Il s'agit d'une amélioration notable car l'eau ne stagne plus dans l'appareil. Un robinet externe permet de soutirer l'eau potable.

Principe de fonctionnement de l'osmose inverse

L'osmose inverse est un procédé de filtration et de séparation physique. Grâce à une pompe de surpression ou à la pression de la canalisation d'eau, l'eau traverse une membrane percée d'une

* Perméat : liquide diffusé par une membrane (du latin *permeare*, « passer à travers »). Le liquide non diffusé, dans lequel s'accumulent les matières retenues, est appelé *concentrat*, dérivé du terme *concentration*.

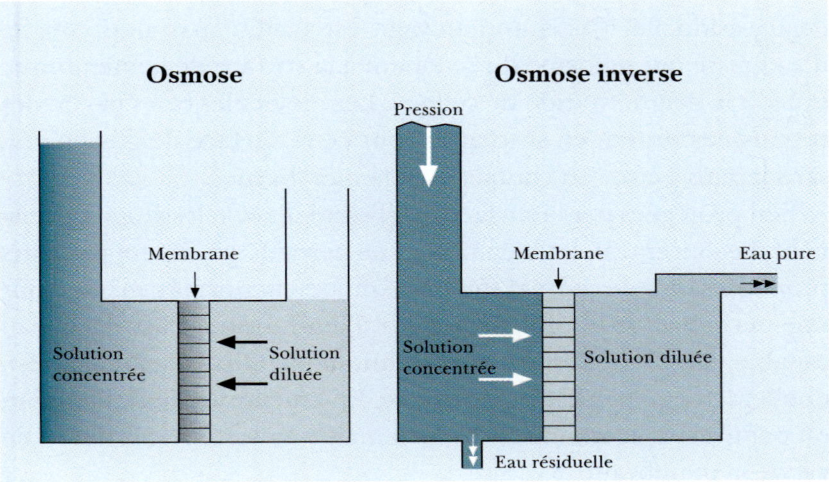

À gauche: Schéma de fonctionnement de l'osmose : la partie gauche du récipient renferme une solution salée concentrée tandis que la partie droite contient de l'eau pure. Les deux solutions sont séparées par une membrane. La pression osmotique fait circuler l'eau pure de la droite vers la gauche à travers la membrane et dilue la solution salée dans la partie droite. Ce processus se poursuit jusqu'à ce que la concentration en sel soit égale de chaque côté de la membrane.

À droite: Schéma de fonctionnement de l'osmose inverse : le processus est ici inversé du fait d'une pression plus élevée exercée sur la solution concentrée. Lors du passage forcé de l'eau de gauche à droite à travers la membrane, les substances présentes dans l'eau se concentrent devant celle-ci (à gauche) et forment une eau résiduelle. Derrière la membrane (à droite), l'eau pure peut être recueillie.

multitude de pores microscopiques. La plupart des substances dissoutes dans l'eau, beaucoup plus grosses, sont ainsi bloquées et ne peuvent traverser la membrane.

La membrane fait office de filtre extrêmement fin. Sur le plan technique, on parle d'*ultrafiltration* permettant d'éliminer toutes les matières en suspension comme les fibres d'amiante, les algues, les bactéries, les virus, les complexes de métaux lourds, les pesticides, les herbicides et toutes les molécules organiques dont le poids moléculaire est supérieur à 300.

En outre, les osmoseurs sont équipés d'un système spécifique qui augmente fortement l'efficacité de la membrane : sa surface est magnétisée en permanence lors de sa fabrication. Elle attire toutes les molécules d'eau qui la traversent. Toutes les autres molécules, dépourvues des qualités magnétiques de l'eau, sont repoussées par la membrane magnétisée et s'écoulent dans l'eau résiduelle avec le concentrat.

La membrane élimine jusqu'à 99% des métaux lourds comme l'arsenic, le mercure, le manganèse, le chrome, le cuivre, le plomb, le cadmium, l'argent, etc. Les sels dissous – chlorures, fluorures, nitrates, nitrites, sulfates, etc. – sont eux aussi filtrés, tout comme de nombreux résidus de l'industrie chimique et certains éléments ou isotopes radioactifs tels que le radium ou strontium.

Afin que les substances indésirables ne s'accumulent pas devant la membrane, entravant ainsi le processus d'osmose ou obstruant la membrane, elles sont en permanence lessivées et évacuées dans l'eau résiduelle. Cet autonettoyage est facilité par une couche d'eau pure qui se forme directement à la surface de la membrane grâce à la magnétisation de celle-ci. Les molécules et les particules repoussées restent en suspension sur cette surface de glissement, sans jamais entrer en contact avec la membrane.

Bien protégées par la surface de glissement et le lessivage permanent du concentrat, les membranes ne perdent quasiment pas leurs propriétés dans le cadre d'un fonctionnement normal, même pour une période d'utilisation prolongée. Pour fabriquer un litre d'eau potable très pure, l'osmoseur produit deux à dix litres d'eau résiduelle, selon le modèle et le réglage. En améliorant le rendement, on peut certes économiser de l'eau mais on raccourcit la durée de vie de la membrane.

Avantages : par rapport au filtre-presse à charbon actif, l'osmose inverse présente l'avantage de pouvoir aussi éliminer jusqu'à 99% des sels dissous tels que le calcaire ou les nitrates. La pression des canalisations d'eau de 2 à 3 bars est suffisante pour faire circuler l'eau et le dispositif fonctionne sans apport d'énergie supplémentaire.

Inconvénients : les inconvénients concernent le prix élevé du filtre à charbon actif et de son montage ainsi que les travaux annuels d'entretien et de désinfection pour garantir un bon fonctionnement technique et une grande fiabilité sur le plan bactériologique.

Un autre inconvénient du système mérite une attention plus particulière. L'élimination des sels dissous (calcaire) dans l'eau peut aussi être un inconvénient : il modifie fortement le pH qui a tendance à devenir plus acide, dû à l'effet de tamponnage des sels dans l'eau. Une eau dure, par exemple celle des Alpes, d'une dureté supérieure à 20°F, a un pH d'environ 7,5. Ce pH basique est la conséquence de la présence de calcaire, et plus exactement d'hydrogénocarbonate de calcium. Lorsqu'il est éliminé par osmose inverse, son effet de tamponnage (avec l'acide carbonique par exemple) fait défaut à l'eau, expliquant la baisse du pH. On estime que la valeur du pH baisse d'un à deux points après le passage dans une installation d'osmose inverse. L'eau potable devient alors légèrement acide, avec un pH de 5,5 à 6,5.

Autre inconvénient, les États-Unis, leaders sur le marché mondial, fabriquent des membranes pour osmose inverse dans une matière plastique spéciale. Des voix de plus en plus nombreuses s'élèvent pour dénoncer le délitement de minuscules particules plastiques qui parviennent dans l'eau pure et sont bues sans pouvoir être décelées par la technique courante de conductivité électrique.

La solution serait de mettre au point une membrane en fibres naturelles comme celles que la nature utilise justement. En effet, les membranes cellulaires, la paroi intestinale et la peau sont des membranes osmotiques.

Par ailleurs, exception faite de la baisse de la valeur du pH, la très faible minéralisation de l'eau osmosée n'est pas considérée comme un inconvénient car, comme nous l'avons déjà précisé, l'organisme n'a pas besoin des minéraux présents dans l'eau. Contrairement à l'eau distillée, l'eau osmosée renferme toujours les germes de cristallisation et n'élimine pas les minéraux présents dans l'organisme si elle est consommée en quantité normale.

On rapporte souvent que le goût de l'eau osmosée est fade, amer et métallique. Cela s'explique par l'absence de sels, par la valeur plus faible du pH et, éventuellement, par des particules décollées de la membrane. Mais nous ne discuterons pas des questions de goût, tant ce sujet est éminemment personnel !

Les échangeurs d'ions

Le principe de fonctionnement consiste à échanger des particules de calcaire, source de détériorations, par d'autres particules de sels plus neutres.

Ce procédé a été mis au point au début du XXe siècle lorsqu'on a découvert la zéolithe, minéral naturel capable d'adoucir l'eau. Ce silicate poreux se lie à des substances agressives qui rendent l'eau dure, comme les ions calcium et magnésium, pour libérer des ions neutres comme des ions sodium. Lorsqu'il est saturé de calcaire, il faut alors le remplacer.

À l'heure actuelle, l'échange d'ions s'effectue via une résine synthétique qui présente l'avantage, par rapport à la zéolithe, de se régénérer. Lorsqu'elle est saturée de calcaire, il n'est pas nécessaire de la remplacer ; il suffit de la régénérer avec une solution saline concentrée, aussi appelée *saumure.* Le processus d'échange est alors inversé : le sel permute avec le calcaire sur la résine puis le calcaire déjà lié se dissout de nouveau. Cette solution régénérée, constituée d'une eau calcaire concentrée, est évacuée dans l'eau résiduelle. La résine est à nouveau prête à fonctionner comme si elle était neuve. Cette régénération peut être répétée très souvent jusqu'au moment où il devient nécessaire, malgré tout, de changer l'ensemble de la résine.

Cette technique d'adoucissement de l'eau a fait ses preuves et fonctionne de manière fiable, avec une décalcification de l'eau avoisinant les 100%. En mélangeant l'eau épurée, via une vanne de mélange, à de l'eau contenant du calcaire, on peut régler la dureté de l'eau entre 0 et 7°F environ.

Avantages: plus d'entartrage des appareils, des canalisations, résistances chauffantes, robinetteries ou carrelages. Les échangeurs d'ions permettent d'éviter l'emploi de produits chimiques tels que les adoucisseurs, les détartrants, les détergents ou les agents de lavage et de faire des économies d'assouplissants et d'énergie. Les résistances propres chauffent bien mieux que lorsqu'elles sont entartrées. De fait, une fine couche de calcaire de 1 mm seulement sur les résistances des machines à laver ou des bouilloires entraîne une perte d'énergie d'environ 10%.

Inconvénients: la résine doit régulièrement être régénérée en sel, étape effectuée automatiquement dans les appareils récents. Il suffit de remplir le réservoir de sel à intervalles réguliers. De ce fait, une plus grande quantité de sel apparaît dans l'eau potable ou les eaux usées et parvient donc dans les stations d'épuration puis, après retraitement des eaux, dans la nature. Par ailleurs, l'eau potable et l'eau industrielle sont elles aussi chargées en ions sodium car elles ont échangé des particules de calcaire contre du sel. Avec ce procédé, un foyer consomme environ 50 kg de sel par an, en fonction de la teneur en calcaire et du nombre de personnes.

Notons cependant que les avantages des échangeurs d'ions (importantes économies d'énergie, de détergents et de détartrants) en surpassent nettement les inconvénients.

Le traitement de l'eau par magnétisme

Les aimants permanents ou les électro-aimants occupent une place à part dans le domaine des installations de traitement de l'eau. Installés sur la conduite d'eau principale, ces dispositifs magnétisent l'eau de façon à modifier les molécules de calcaire. Contrairement aux échangeurs d'ions ou à l'osmose inverse, qui éliminent le calcaire de l'eau, les dispositifs magnétiques modifient sa structure. Le calcaire perd ses arêtes vives, il est fortement transformé par les molécules d'eau et ne peut plus se déposer aussi facilement. Cette technique s'avère très utile pour les canalisations et les appareils tels que les réchauds, les machines à laver et les cafetières. Il faut toutefois bien comprendre que dans la nature, l'eau n'est jamais traitée par un tel dispositif magnétique concentré, entièrement créé par l'homme.

Comme aucune étude n'a été menée, personne ne sait exactement ce qui se passe à long terme dans l'organisme humain qui absorbe de l'eau magnétisée artificiellement. Par exemple, le magnétisme stimule l'activité glandulaire, pouvant entraîner sur le long terme des troubles du métabolisme et de l'activité hormonale. Par ailleurs, il convient d'être assez prudent car l'eau est un excellent vecteur d'informations qui peut mémoriser l'information « magnétisme ». Enfin, on sait que l'organisme s'oriente en fonction du champ magnétique terrestre, notamment grâce aux millions de minuscules cristaux de magnétite (oxyde magné-

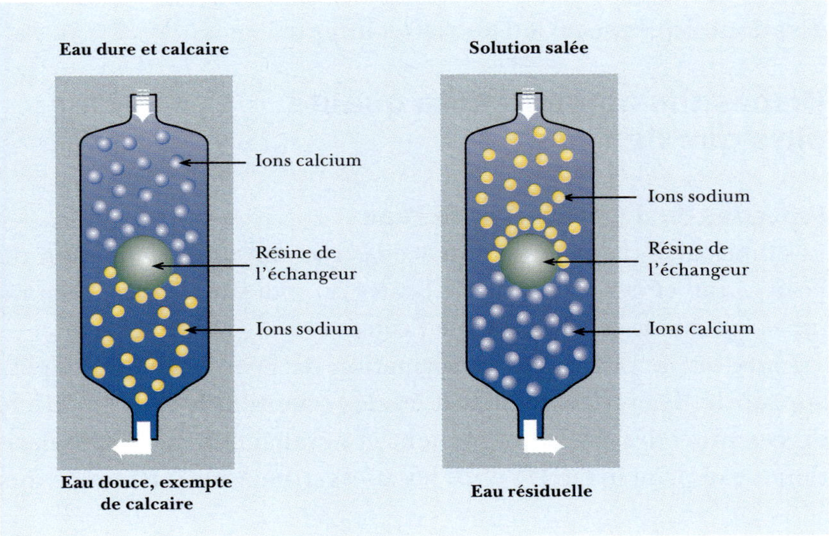

Fonctionnement d'un échangeur d'ions

À gauche, fonctionnement normal: la grosse sphère au centre représente la résine centrale du dispositif. Les particules de calcaire (ions Ca^{2-} et ions Mg^{2+}) se déposent sur celle-ci, provoquant la dissolution de particules de sel (ions Na^{+}) de la résine qui circulent alors dans l'eau. Les ions calcium sont échangés contre des ions sodium, d'où le nom d'*échangeur d'ions*.

À droite, régénération: ce processus est l'inverse du précédent; on ajoute une solution salée très concentrée dans la résine; les particules de calcaire (ions Ca^{2-} et ions Mg^{2+}) liées à la résine sont échangées contre des particules de sel (ions Na^{+}). L'eau résiduelle chargée des ions calcium extraits est évacuée. L'échangeur d'ions est alors régénéré et peut de nouveau fonctionner normalement.

tique naturel de fer) présents dans nos cellules, en particulier les neurones. Les conséquences des interactions magnétiques n'étant pas toutes connues, le traitement magnétique doit être utilisé avec précaution.

De nouvelles perspectives : le traitement du calcaire par catalyse

Une nouvelle technique permet désormais de combattre le calcaire indésirable. Elle consiste à injecter dans l'eau courante des cristaux spéciaux de calcaire qui provoquent l'agglomération des particules de calcaire. L'augmentation de la taille des cristaux induite peut être influencée de façon à créer des formes relativement rondes qui ne peuvent plus s'accrocher. Il s'agit d'un traitement par catalyse : un catalyseur provoque la cristallisation des composés de l'eau à l'origine du calcaire.

Avantages : le procédé est peu onéreux ; le coût est réduit aux frais dus au changement du bloc de cristal qui s'adapte dans les compartiments des filtres à charbon actif. Le procédé est capable de traiter aussi bien l'ensemble de l'eau consommée dans un foyer que certains points d'eau, selon les besoins. La valeur du pH de l'eau reste constante car tous les minéraux sont préservés.

Inconvénients : ce traitement est insuffisant à lui seul car il ne traite que le calcaire. Pour améliorer la qualité globale de l'eau, il doit donc être associé à d'autres techniques.

Dispositifs améliorant la qualité physique de l'eau

Procédés de dynamisation de l'eau

Les fabricants décrivent ces procédés comme une « activation de l'eau », une « énergétisation de l'eau » ou tout simplement comme un « traitement énergétique de l'eau ».

Toutefois, le concept d'« information de l'eau » semble ici plus approprié. Il existe très peu d'études scientifiques sur les effets de ces procédés qui se branchent généralement sur la canalisation d'eau principale. De plus, les effets stimulants ou énergisants allégués par les fabricants ne sont le plus souvent étayés d'aucune preuve, voire ne sont généralement pas démontrables.

Même si cela ne peut être prouvé scientifiquement, on peut concevoir que l'eau puisse être informée par divers moyens tels que : cristaux se trouvant dans les dispositifs, eaux spéciales dotées d'énergies positives, pyramides, aimants, etc.

La question n'est donc pas de savoir si l'eau peut être informée ou non mais plutôt par quel moyen elle peut effectivement l'être. Bien souvent, le consommateur ne sait pas comment et avec quoi l'eau potable a été informée, ce qui constitue un réel problème. À en croire les fabricants, les informations sont toujours « positives ». Mais de quelles informations s'agit-il ? Nous n'obtenons pour toute réponse que des spéculations, des termes chargés d'émotions comme « informations oxygène », « informations cristal », « informations originelles » ou « informations source », etc.

Pour un même dispositif et un même fabricant, une éventuelle information reste identique. Chaque personne qui boit cette eau reçoit en permanence la même information homéopathique pendant des années. Peu importe qu'elle en ait besoin ou pas, que cela lui convienne ou non. C'est comme si tous les citoyens d'un pays prenaient tous les jours, toute leur vie, le même médicament homéopathique – ce qui serait évidemment une aberration car, chaque individu étant différent, il a besoin, en cas de maladie, d'informations personnalisées; après le traitement, il arrêtera naturellement le médicament.

Les techniques employées n'étant pas vérifiables, ces procédés sont à considérer de manière critique.

Procédés de tourbillonnement

La nature améliore la qualité physique de l'eau en utilisant différentes méthodes de régénération. L'homme s'efforce de les reproduire de manière plus ou moins intense dans les procédés de tourbillonnement.

La nature régénère l'eau en permanence :

- en diminuant la taille des gouttes,
- en décomposant les clusters, fondement de la « mémoire de l'eau »,
- en augmentant la surface interne,
- en introduisant des forces de capillarité.

Procédés de tourbillonnement sur robinet

Il existe des appareils au fonctionnement très simple. Ils se vissent sur le robinet d'eau à la place du brise-jet. L'entretien est limité à un détartrage occasionnel.

Cependant, ces systèmes comportent quelques inconvénients :

- la durée de tourbillonnement est bien trop faible,
- l'intensité de tourbillonnement est également trop faible,
- le rythme de tourbillonnement est insuffisant,
- on n'observe aucune répétition cyclique du tourbillonnement, le processus s'interrompant après un seul tourbillonnement,
- on n'observe aucune augmentation de la teneur en oxygène. Elle peut même diminuer légèrement avec certains types d'appareil dans le cas d'une eau naturellement oxygénée.

Ces systèmes n'ont donc qu'un impact limité sur la structure de l'eau. Le temps actif de tourbillonnement, de l'ordre de quelques secondes au mieux, est bien trop bref pour régénérer l'eau correctement. Par conséquent, l'augmentation de la surface interne est malheureusement très faible.

Durée, rythme, répétition et forte intensité de tourbillonnement, avec un gros apport énergétique, sont nécessaires à une régénération durable de l'eau. Ces conditions de régénération ne pourront être remplies qu'en déroutant l'eau des canalisations, avec éventuellement un filtrage chimique, pour la conduire dans une installation externe. Là, elle sera régénérée en dehors de toute pression, de manière intensive, prolongée, rythmée et répétitive.

Le procédé d'ultracolloïdation*

Pour définir de manière scientifique cette technique de régénération, il vaudrait mieux utiliser l'expression de *dynamisation de l'eau à échelle nanométrique* car elle consiste à diminuer la structure moléculaire de l'eau à une taille de l'ordre du nanomètre grâce à un tourbillonnement dynamique et rythmé. En revanche, si l'on se réfère

---

* Pour désigner ce procédé, également appelé *dynamisation de l'eau à échelle nanométrique* ou *fabrication d'eau colloïdale*, son inventeur, Wilfried Hacheney, a tout d'abord employé le terme de *lévitation* (du latin *levis*, « léger »), par opposition à celui de *gravitation* (du latin *gravis*, « lourd »), synonyme de pesanteur, de force d'attraction terrestre. Toutefois, le concept de lévitation n'a trouvé aucun écho dans la communauté scientifique qui préfère le terme d'antigravitation pour désigner la notion opposée à la gravitation.

aux brevets déposés par l'inventeur, on parle d'*ultracolloïdation* car la structure de l'eau devient colloïdale. *Colloïdale* signifie ici que l'on fabrique les plus petites structures et les plus petites gouttes possibles (clusters de taille inférieure à 160 nanomètres).

Le procédé d'ultracolloïdation régénère la structure physique de l'eau en reproduisant un mouvement tourbillonnaire rythmé de la nature. Il réduit la taille des gouttes d'eau, fractionne les clusters et introduit d'importantes forces de capillarité et de traction, entraînant ainsi l'apparition de grandes surfaces internes. Avec l'ultracolloïdation, l'eau régénérée est une « eau dynamisée à échelle nanométrique » ; récemment, on a obtenu des gouttes mesurant le millième d'une gouttelette de brouillard. La surface interne est la véritable surface de réaction de l'eau qui renferme l'apport d'énergie du tourbillon. On parle d'une *eau vivante*, métaphore décrivant ses grandes propriétés physiques naturelles et sa forte activité biophotonique.

Vue de dessus d'un appareil d'ultracolloïdation

Vue en coupe d'un appareil d'ultracolloïdation

Qu'est-ce que l'ultracolloïdation ?

L'ultracolloïdation – procédé sophistiqué dont les résultats sont scientifiquement prouvés – a été mise au point dans les années 1960 par le physicien allemand Wilfried Hacheney. De nombreuses universités et instituts du monde entier ont mené d'intenses recherches sur ce procédé et ont contribué à le perfectionner.*

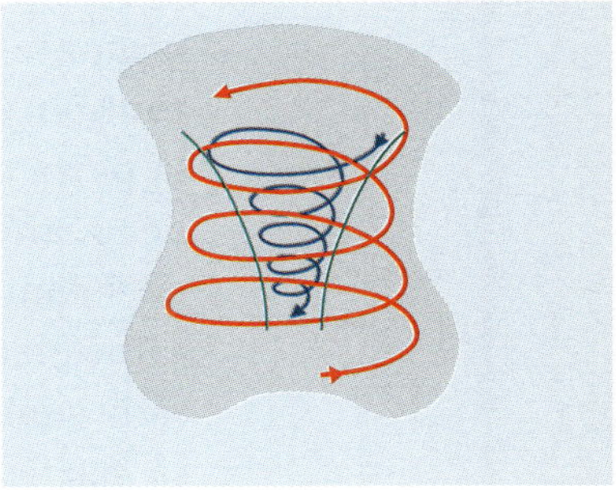

Parcours de l'eau suivant la lemniscate spatiale

* Ont participé à ces recherches, directement ou indirectement: l'Allemagne (Medizinisches Zentrum für Hygiene und med. Mikrobiologie (Centre médical d'hygiène et de microbiologie médicale) en association avec le Medizinal-Untersuchungsamt (Département de recherches médicales) de l'Université Philipps de Marburg, les Universités de Detmold, de Halle et de Kassel) ; l'Autriche (Kardiologische Universitätsklinik de Vienne (Centre hospitalier universitaire spécialisé en cardiologie), l'Atominstitut (Institut atomique) de Vienne ; la Suisse (Institut des isotopes de Bâle) ; l'Angleterre (Université de Liverpool) ; le Danemark et les États-Unis (Universités de Boston et de Berkeley) ; ainsi que l'Institut Max Planck de Göttingen, le Labor für Strahlenanalysen (laboratoire d'analyses des rayonnements) du Centre technologique de Kaiserslautern et la Gesellschaft für organphysikalische Forschung (Société de recherche organophysique) de Detmold.

Le fonctionnement de l'ultracolloïdation

Comme nous l'avons déjà montré, l'eau est très sensible à la pression à laquelle elle est soumise dans les canalisations. Celle-ci détruit son caractère vivant et favorise la formation de clusters. Par conséquent, le processus d'ultracolloïdation est totalement séparé des canalisations d'eau et effectué sans surpression. Les appareils à usage domestique sont tout simplement placés sur un plan de travail et le remplissage se fait manuellement. De dimensions équivalentes à une cafetière, ils peuvent être installés dans n'importe quelle cuisine. Il existe de plus gros appareils automatisés pour un usage industriel, qui sont alors connectés directement à une arrivée d'eau.

Un appareil d'ultracolloïdation se compose d'un moteur puissant qui entraîne un rotor, et d'une cuve contenant l'eau. La cuve de l'appareil décrit dans cet ouvrage peut contenir 2,25 litres d'eau. Le processus d'ultracolloïdation dure à peine quatre minutes. L'eau est nébulisée extrêmement finement par le rotor. À la fin du processus, l'appareil s'éteint automatiquement et l'eau nébulisée, l'eau ultracolloïdale, peut être soutirée par un robinet.

La cuve de l'appareil d'ultracolloïdation a une forme hyperbolique, dessinée d'après les lois géométriques de Gauss.

Après avoir rempli la cuve et refermé le couvercle, le processus d'ultracolloïdation démarre. Un système électronique commande le moteur qui entraîne un rotor d'aspiration, placé au fond du récipient, à 10 800 tours par minute pendant toute la durée du processus.

L'eau est tout d'abord entraînée vers le bas en un mouvement tourbillonnaire et projetée sur les bords de la cuve sous l'effet de la force centrifuge. Le sens de rotation de l'eau s'inverse et elle remonte dans le récipient en formant un vortex autour de l'entonnoir placé au centre de la cuve. La configuration spéciale de la paroi de la cuve permet d'obtenir des mouvements rythmés de l'eau, alternant accélération et ralentissement. La surface interne de l'eau s'ouvre et se referme alternativement, augmente pour diminuer de nouveau. À l'intérieur de la cuve se trouve un entonnoir central également de forme hyperbolique. Il comporte dans sa partie supérieure des ailes déflectrices qui permettent d'inverser le sens de rotation de l'eau et de la guider à l'intérieur de l'entonnoir.

L'eau tourbillonnante s'écoule dans l'entonnoir central jusqu'au rétrécissement où elle subit une formidable accélération. Le courant d'eau descendant rencontre alors les ailes du rotor tournant en sens inverse. Au point d'impact, la vitesse du courant d'eau atteint la vitesse du son qui est d'environ 330 m/s, soit plus de 1 100 km/h. C'est à ce moment précis que se produit la nébulisation de l'eau. Les gouttelettes se décomposent et diminuent de taille sous l'effet des mouvements tourbillonnaires opposés du courant d'eau et du rotor.

L'eau remonte de nouveau jusqu'au couvercle. Elle change de sens de rotation et redescend dans l'entonnoir central en tourbillonnant jusqu'au point d'impact avec le rotor. Ce processus se reproduit de manière rythmique plusieurs milliers de fois par cycle d'ultracolloïdation. Visualisés dans un espace tridimensionnel, les courants d'eau décrivent deux vortex tourbillonnant en sens opposé et imbriqués l'un dans l'autre. En géométrie, on parle de *lemniscate spatiale.*

Le procédé d'ultracolloïdation fait tourbillonner l'eau de manière rythmée selon des cycles se succédant très rapidement. À travers cette répétition cyclique, qui différencie l'ultracolloïdation des autres procédés de tourbillonnement, l'eau subit un tourbillonnement très efficace qui la régénère.

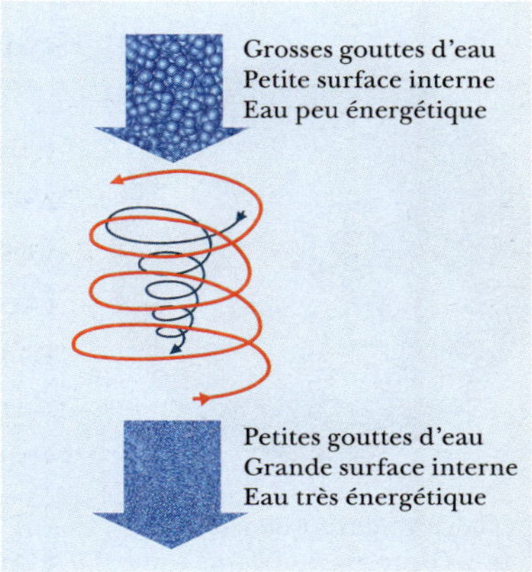

Représentation des mouvements tourbillonnaires (lemniscate spatiale) d'un appareil d'ultracolloïdation permettant de réduire la taille des gouttes d'eau

Les mouvements rythmiques d'un cycle d'ultracolloïdation sont les suivants :

- des tourbillons à sens de rotation à droite,
- des tourbillons à sens de rotation à gauche,
- des tourbillons ascendants,
- des tourbillons descendants,
- un changement constant de la vitesse de l'eau dû à la forme hyperbolique de la cuve,
- une ouverture de la surface interne de l'eau,
- une fermeture de la surface interne de l'eau.

Calcaire dans une eau du robinet non traitée, grossi 150 fois sous microscope.

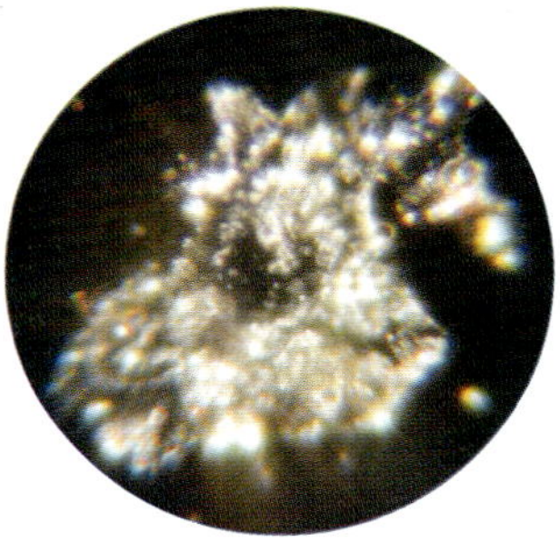

Calcaire dans une eau non traitée, grossi 1 600 fois sous microscope sur fond noir, avec ses très grosses particules facilement reconnaissables.

Résidus secs de calcaire d'une goutte d'eau non traitée, grossis 30 fois sous microscope à éclairage incident. On remarque la concentration du calcaire au centre de la goutte.

Ces mouvements sont, comme dans la nature, répétés des milliers de fois.

Pendant le procédé d'ultracolloïdation, des réactions simultanées et conditionnées les unes par les autres se produisent dans l'eau :

Réduction de la taille des gouttes : la vitesse élevée de l'eau lorsqu'elle rencontre le rotor permet de séparer les gouttes qui sont ensuite finement nébulisées. Leur taille est inférieure à 100 nm, soit environ un millième de la taille d'une gouttelette de brouillard. Cette taille est mesurée à l'aide du procédé standard, scientifiquement reconnu, de spectroscopie de corrélation de photons (SCP).

Minéraux de l'eau : non seulement les tourbillonnements intenses modifient la structure de l'eau mais ils en transforment également les minéraux dissous. Ce changement est généralement constaté sous microscope mais peut même être parfois observé à l'œil nu. Sur les clichés ci-contre, l'eau non traitée et l'eau ultracolloïdale (page suivante) proviennent toutes deux de la même eau avec une dureté de 24°F, soit une classe de dureté égale à 4.

Eau non traitée

En faisant évaporer une goutte d'eau, on observe une cristallisation compacte, fermée et stable, avec la présence de structures cristallines et anorganiques. Les particules ont tendance à se concentrer au centre de la goutte (puissantes forces de concentration et de regroupement).

Eau ultracolloïdale

En faisant évaporer une goutte d'eau, on observe une répartition plus homogène des dépôts. Les bords de la goutte sont plus réguliers, on reconnaît un caractère amorphe qui témoigne de la présence de structures colloïdales. L'eau est plus douce et d'un goût agréable. Les particules tendent à se déposer en bordure de la goutte (puissantes forces de dissolution et de dispersion).

Avantages: les avantages de l'ultracolloïdation sont les modifications physiques, perceptibles et prouvées scientifiquement, suivantes:
- réduction de la taille des gouttes,
- fractionnement ou nébulisation des clusters et diminution de leur taille,
- augmentation de la surface interne,
- introduction de micro-tourbillons et de zones de vide,
- introduction d'oxygène,
- augmentation de l'activité photonique,
- augmentation de l'activité biophotonique,
- augmentation de la capacité de germination.

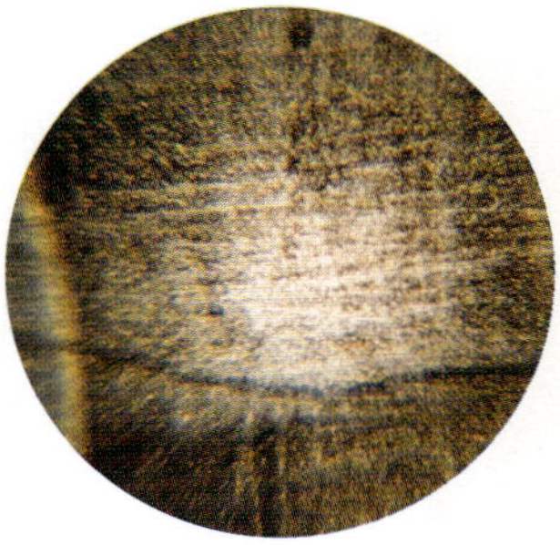

Calcaire dans une eau ultracolloïdale, grossi 150 fois sous microscope. Les particules sont rondes et de taille réduite.

Inconvénient: dans le cas d'une utilisation domestique, les procédures manuelles de remplissage et de vidange de la cuve peuvent constituer un inconvénient. L'appareil d'ultracolloïdation ne peut en effet fonctionner en continu, sans entretien et de manière automatique. Mais peut-être cela favorise-t-il une manipulation respectueuse de l'eau?

Les plus gros dispositifs utilisés par les restaurateurs, les cabinets médicaux, les cliniques, les industriels, les commerçants et autres gros consommateurs sont branchés sur une conduite d'eau et comportent un système de remplissage et de vidange automatique. Ces modèles permettent de fabriquer plus de cent litres d'eau ultracolloïdale par heure.

Calcaire dans une eau ultracolloïdale, grossi 1 600 fois sous microscope sur fond noir. Les particules sont nettement plus petites que celles d'une eau du robinet non traitée; elles sont sphériques et réparties de manière homogène.

Résumé comparatif des procédés de traitement de l'eau

On distingue principalement les procédés de traitement *chimiques* et les procédés *physiques*.

Les procédés de traitement *chimiques* modifient les caractéristiques chimiques et biologiques de l'eau en filtrant ou en éliminant des composés indésirables.

Ces traitements sont surtout conseillés lorsque l'eau présente des pollutions chimiques ou bactériologiques. Ils sont presque toujours nécessaires à cause de la pollution environnementale, des types de traitement de l'eau engagés dans les stations d'épuration et des matériaux employés dans les canalisations. Les filtres à charbon actif, associés si besoin à des échangeurs d'ions pour diminuer la teneur en calcaire

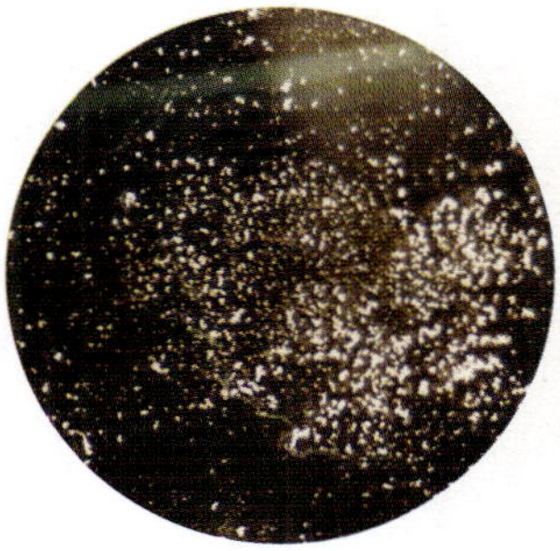

Résidus secs de calcaire dans une eau ultracolloïdale, grossis 30 fois sous microscope à éclairage incident. On remarque la répartition homogène des particules dans l'ensemble de la goutte.

de l'eau, sont les plus performants, tant sur le plan économique que sur le plan écologique.

Les procédés de traitement *physiques* modifient les caractéristiques physiques de l'eau en changeant la structure interne, la taille des gouttes, la surface interne et les micro-tourbillons de l'eau.

Traiter l'eau par un procédé de dynamisation sans tourbillonnement lui apporte différentes informations mais la façon dont celles-ci sont introduites est souvent méconnue. Sont-elles pour autant bénéfiques et nécessaires à tous les individus ? Cet aspect peut être mis en doute. Ces appareils, branchés sur les canalisations, ne modifient ni la taille des gouttes ni celle de la surface interne.

Les dispositifs de tourbillonnement n'ont pas pour objectif d'informer l'eau mais, au contraire, de neutraliser les informations qu'elle contient de façon à obtenir une eau saine. Les tourbillons réduisent la taille des gouttes et augmentent la surface interne de l'eau. Celle-ci est alors énergétisée et dotée de grandes forces de capillarité.

Dans la pratique, ces critères sont diversement respectés d'un système à un autre. Les dispositifs de tourbillonnement sur robinet ne créent pas de tourbillons assez durables, assez intenses ni assez répétés. De plus, la surpression des canalisations annihile leurs résultats. Seul l'appareil d'ultracolloïdation, fonctionnant sans surpression, indépendamment des canalisations, parvient à des résultats significatifs et reproductibles.

Les divers dispositifs de tourbillonnement sur robinet n'étant pas disponibles en France, les tests comparatifs entre ces dispositifs et l'appareil d'ultracolloïdation ne sauraient être significatifs pour un lecteur français. Toutefois, ces tests peuvent être consultés en allemand sur le site de l'éditeur français, qui comporte également des détails sur les méthodes de mesure employées, les effets sur l'eau du tourbillonnement dans l'appareil d'ultracolloïdation, les références du fabricant, etc.

Glossaire

Absorption :
action de laisser pénétrer et de retenir de l'énergie par des matières solides, liquides ou gazeuses ; action de laisser pénétrer et de retenir des gaz dans des liquides ou des solides.

Acide carbonique :
de formule H_2CO_3, il se forme lors de la dissolution du dioxyde de carbone (CO_2) dans l'eau (H_2O). L'acide carbonique est un produit de dégradation du métabolisme qui est expulsé de l'organisme par les voies respiratoires. Il contribue à acidifier le corps en cas d'échanges insuffisants entre l'oxygène et le dioxyde de carbone dans les poumons, comme par exemple en cas de sédentarité excessive et d'une atmosphère confinée. L'acide carbonique, incorporé artificiellement dans l'eau minérale et les boissons rafraîchissantes, est devenu synonyme de fraîcheur grâce une intense campagne publicitaire. Il est en réalité employé comme conservateur, prenant ainsi la place de l'oxygène qui, lui, est source de vie.

Adsorption :
action de fixer des molécules gazeuses, des fumées ou des substances dissoutes à la surface d'un solide.

Atome :
plus petite particule d'un élément chimique.

Biophotons :
photons (les plus petits quanta lumineux) extrêmement faibles émis par les organismes vivants. Les cellules vivantes et les organes produisent des biophotons qui sont en fait des ondes électromagnétiques. Ceux-ci leur permettent de communiquer et de commander les processus biochimiques. Une haute qualité des aliments et de l'eau est généralement associée à une forte capacité à emmagasiner de la lumière qui est ensuite restituée aux cellules. Pour activer les biomolécules, les biophotons sont 10^{40} plus efficaces que les photons produits par le rayonnement thermique. Les mesures de l'activité photonique réalisées par le docteur Popp traduisent le niveau de qualité global d'un aliment ou de l'eau. En ce qui concerne le traitement physique de l'eau, il est important de ne pas activer le rayonnement photonique de l'eau, ce qui est le cas de certains systèmes de dynamisation. Les dispositifs de traitement doivent au contraire viser à accroître la capacité de l'eau à emmagasiner des photons afin que ceux-ci, une fois absorbés en buvant l'eau, soient mis à disposition de l'organisme sous forme de biophotons.

Charbon actif :
charbon poreux (absorbant) utilisé notamment pour purifier des liquides (eau). La gigantesque surface interne du charbon actif nettoie l'eau qui s'écoule à travers en retenant les impuretés par absorption.

Cluster :
terme anglais signifiant « agglomération, faisceau, amas, groupe ». Un cluster est une structure complexe regroupant plusieurs molécules d'eau pouvant mémoriser des informations. Les gros clusters rendent l'eau amorphe et l'appauvrissent

en énergie. Pour dissoudre ces derniers qui se forment en permanence, la nature fait sans cesse tourbillonner l'eau. Une eau immobile, par exemple lorsqu'elle est embouteillée ou sous pression dans des canalisations, favorise la formation d'énormes clusters sans que la nature ait ici la possibilité de les dissoudre.

Colloïdation :
fabrication et dispersion durable ou bien émulsion de particules de taille nanométrique, appelées *colloïdes*, dans un agent de dispersion (solvant), le plus souvent l'eau. Contrairement aux dispersions ou aux émulsions classiques, il n'est pas nécessaire d'ajouter un produit auxiliaire (stabilisant, liant, émulsifiant) qui sert habituellement de conservateur. En ce qui concerne l'eau, la colloïdation est la fabrication d'une eau composée de minuscules gouttes. Les substances présentes dans l'eau, par exemple l'air ou les minéraux, sont parfois eux aussi modifiés par la colloïdation.

Colloïde :
particule d'une taille inférieure à 200 nm (nanomètre). Fine dispersion d'une matière dans une autre (par exemple, du silicium dans l'eau) de telle manière que les particules de la première matière (le silicium) flottent en suspension dans la deuxième (l'eau). Ce mélange est stable et aucune démixtion ne se produit malgré les différences de masse. Une solution colloïdale est une solution dans laquelle les particules dissoutes sont présentes non pas sous forme de molécules ou d'ions chargés électriquement comme dans les solutions moléculaires mais sous forme d'amas atomiques ou moléculaires électriquement neutres. Sur le plan biologique, les colloïdes jouent un rôle capital : les protéines existent uniquement sous forme colloïdale.

Conductivité électrique :
propriété mesurée en millisiemens (mS) ou en microsiemens (µS). Une eau pure possède une conductivité nulle car celle-ci provient des ions dissous dans l'eau. Une conductivité élevée est le signe que de nombreux sels sont dissous dans l'eau sous forme d'ions. Une conductivité faible signifie que l'eau est pauvre en minéraux. Les particules non électriques présentes dans l'eau, les plastiques par exemple, ne sont pas prises en compte dans le calcul de la conductivité. Chez les organismes vivants, une conductivité faible signifie que les électrolytes (sels) et les autres composantes cellulaires sont liés et plutôt bien insérés dans les processus vivants. Une conductivité élevée signifie qu'il existe des ions non insérés dans des cellules. Dans les sucs végétaux, une conductivité faible est le signe d'une haute qualité biologique. La conductivité est l'inverse de la résistivité (valeur ohmique).

Dispersion :
état d'une substance répartie de manière extrêmement fine, en suspension dans un milieu où elle est insoluble. Cette répartition très fine est temporaire, la pesanteur provoquant tôt ou tard une démixtion (séparation du mélange). Le procédé d'ultracolloïdation permet de fabriquer des dispersions stables, c'est-à-dire des colloïdes dont les particules sont dissou-

tes en minuscules structures d'une taille inférieure à 200 nm.

Distillation :

vaporisation puis condensation immédiate (liquéfaction par refroidissement) d'un liquide afin soit d'isoler les substances solides qu'il peut contenir, soit de séparer différents liquides qui le composent.

Eau colloïdale :

eau active et vivante, dotée d'une grande surface interne. Un procédé de colloïdation, naturel ou mis au point techniquement, permet, grâce à d'intenses tourbillonnements rythmés, de dissoudre les gros clusters amorphes et peu énergétisés en petites structures actives et très énergétisées, avec des gouttes d'une taille inférieure à 200 nm.

Émulsion :

action de mélanger finement deux liquides qui en principe ne devraient pas se mêler, par exemple de l'huile dans l'eau. Le mélange est temporaire car, tôt ou tard, la pesanteur provoque sa démixtion. Pour le stabiliser, on peut utiliser des émulsifiants. Le procédé d'ultracolloïdation permet de fabriquer des émulsions stables, c'est-à-dire des colloïdes, où les gouttelettes sont dissoutes en structures minuscules d'une taille inférieure à 200 nm.

Équilibre base-acide :

toutes les fonctions vitales de notre organisme remplissent leur rôle uniquement si la composition du milieu interne est maintenue de manière optimale. De nombreux mécanismes de régulation veillent sur cette composition afin de préserver l'homéostasie interne (état de stabilité et d'équilibre général des fonctions de l'organisme). Le métabolisme base-acide représente une part importante de ce système métabolique général. Dans un corps sain, l'équilibre base-acide est parfait. L'organisme ne doit pas devenir acide, ou seulement dans des zones spécifiques très circonscrites comme la peau et l'urine. Il doit au contraire baigner dans un milieu neutre ou légèrement basique. Ainsi, le sang a toujours une valeur de pH de 7,4 et les sucs de certains organes digestifs (intestin grêle, gros intestin, foie, vésicule biliaire et pancréas) sont eux aussi légèrement basiques. Pour se préserver d'un dérèglement, l'organisme dispose de plusieurs systèmes tampons qui permettent de lier et de neutraliser une trop forte proportion d'acide. Si l'organisme s'acidifie malgré tout, il devient vulnérable aux maladies. Dans le cas, par exemple, d'une trop grande sédentarité ou d'un manque d'activités en plein air, les échanges gazeux dans les poumons entre l'oxygène et le dioxyde de carbone sont insuffisants et engendrent une action acidifiante. De même, un manque d'eau de qualité, une digestion insuffisante ainsi qu'une consommation excessive de sucre, de boissons nocives (sodas, café, alcool), de produits à base de farine raffinée, de médicaments et de sédatifs, contribuent également à acidifier l'organisme.

État d'agrégation :

l'une des trois formes de la matière : gazeuse, liquide ou solide.

Évaporation :
passage d'un liquide à l'état gazeux se produisant nettement en dessous du point d'ébullition, à température ambiante, par exemple à la surface de l'eau, à la surface de la terre ou à la surface de la peau. Comme l'évaporation consomme de l'énergie, elle a un effet refroidissant.

Force constitutive :
force constitutive et plastique d'une matière. Chaque matière possède une force spécifique qui n'appartient qu'à elle et détermine sa forme ou ses propriétés. En jargon moderne, on parle d'*information*, de *fréquence* ou d'*oscillation*. En homéopathie, les composantes matérielles d'une plante médicinale se dissolvent progressivement dans les forces constitutives de celle-ci, au fur et à mesure que l'on dilue la solution tout en la secouant. À partir de la dilution D23, les composantes matérielles sont totalement transformées en forces constitutives. Le remède homéopathique agit, bien qu'aucune substance chimique ne puisse plus être mise en évidence. Seules les forces constitutives de la substance sont présentes.

Hydrogène :
élément chimique, gaz incolore et inodore qui brûle dans l'air avec une flamme bleue ; réagit très violemment avec l'oxygène pour créer de l'eau.

Immatériel :
concept des forces (physique) opposé à celui de la matière (chimie). Les propriétés immatérielles sont très difficiles à mettre en évidence par les sciences conventionnelles. Les preuves de leur existence sont apportées par des méthodes indirectes. Les informations mémorisées dans l'eau peuvent être un exemple d'une pollution immatérielle de l'eau.

Information :
action d'un système dynamique sur un autre, au cours de laquelle ils échangent des messages sur des états ou des processus. L'eau peut mémoriser des informations, par exemple des ondes électromagnétiques, des fréquences, etc. L'eau naturelle ne contient aucune information étrangère grâce aux tourbillons et à la dissolution permanente des clusters. Mais la pollution environnementale actuelle – due à des centaines de milliers de produits chimiques et à une multitude chaotique d'ondes électromagnétiques omniprésentes – laisse dans son sillage des traces négatives qui restent mémorisées dans les clusters, même dans une eau purifiée et filtrée.

Ion :
atome, groupe d'atomes ou molécule chargés électriquement. Si un atome a perdu un ou plusieurs électrons (oxydation), il devient un ion chargé positivement (cation). Si, au contraire, un atome a acquis un ou plusieurs électrons (réduction), il devient un ion chargé négativement (anion).

Isotope :
noyau atomique se différenciant d'un autre uniquement par le nombre de neutrons qu'il renferme et non par le nombre de protons qui reste identique. Les isotopes appartiennent par conséquent au même élément chimique.

Matière anorganique :

matière inanimée – par exemple, les roches et les minéraux présents dans l'eau – ne provenant pas du monde du vivant ni créé par celui-ci.

Matière organique :

matière animée provenant du monde du vivant, créé par celui-ci et lui appartenant.

Molécule :

plus petite unité de liaisons chimiques réunissant deux atomes ou plus.

Nanomètre (nm) :

unité de mesure, un nanomètre étant égal à un milliardième de mètre, soit 1 nm = 10^{-9} m.

Osmose :

passage d'un solvant, le plus souvent l'eau, à travers une membrane semi-perméable d'une zone moins concentrée dans une autre plus concentrée, passage qui contribue à équilibrer le niveau de concentration des deux zones. Dans les organismes vivants, des phénomènes osmotiques se produisent en permanence entre les cellules et l'espace extracellulaire ; ils jouent un rôle essentiel pour l'alimentation des cellules et l'évacuation de leurs déchets. L'osmose inverse est un procédé de nettoyage de l'eau qui consiste à inverser le processus osmotique en appliquant une pression externe : l'eau située dans la zone la plus concentrée (contenant par exemple des composés indésirables) est contrainte de traverser la membrane. Celle-ci retient alors presque tous les composés contenus dans l'eau mais ne s'obstrue pas grâce à des rinçages réguliers. L'eau de rinçage de la membrane ainsi que l'eau résiduelle contenant une grande concentration de composés sont évacuées de l'appareil osmoseur. L'osmose inverse peut aussi éliminer des substances dissoutes comme le calcaire, les nitrates et les sulfates.

Oxydation :

émission d'électrons, réaction chimique au cours de laquelle un élément perd un ou plusieurs électrons. Une telle émission électronique se produit par exemple lors de la combinaison d'un élément avec l'oxygène, d'où le terme d'*oxydation* (du grec *oxus*, « acide », et *genesis*, « création »). Ce concept est opposé à celui de réduction. D'une manière générale, la matière à oxyder cède des électrons à l'agent oxydant (par exemple l'oxygène) qui est alors réduit. Le processus d'oxydation peut être rapide (combustion) ou lent (rouille).

Oxygène (O) :

élément chimique, gaz incolore, inodore et insipide, réagissant avec la quasi-totalité des éléments et indispensable à la grande majorité des organismes ; les liaisons des autres éléments avec l'oxygène s'appellent des *oxydes*.

Photon :

particule élémentaire d'un rayonnement électromagnétique, par exemple la lumière. Elle transporte une énergie spécifique selon la longueur d'onde du rayonnement. Quantum lumineux, plus petite particule de lumière.

Réduction :

acquisition d'électrons ; réaction chimique au cours de laquelle un élément acquiert un ou plusieurs électrons. Ce concept est opposé à celui de l'oxydation. D'une manière générale, la matière à réduire acquiert des électrons provenant d'un agent réducteur (par exemple l'hydrogène) qui est alors oxydé.

Résorption :

absorption de substances dissoutes et liquides à l'intérieur d'une cellule.

Surface externe :

surface visible à l'extérieur d'une substance ; pour l'eau, il s'agit des surfaces latérales, de la surface inférieure en contact avec le récipient et de la surface supérieure en contact avec l'air.

Surface interne :

surface non visible à l'intérieur des molécules d'eau. Surface réactive, par exemple dans l'eau ou le charbon actif poreux. Les surfaces internes sont bien souvent beaucoup plus importantes que les surfaces externes visibles.

Ultracolloïdation :

diminution de la taille de matières (gouttes d'eau, par exemple) largement en dessous de 200 nm, via un processus de colloïdation. Procédé physique de régénération de l'eau par des tourbillons intenses, prolongés et rythmés. La surface interne de l'eau est alors considérablement augmentée ; l'eau est alors fortement énergétisée. L'activité biophotonique (accumulation de photons dans l'eau) qui joue un rôle vital dans les organismes vivants, est accrue.

Valeur du pH :

valeur permettant de déterminer la concentration en ions hydrogène dans l'eau, c'est-à-dire de savoir si elle est acide (pH = 0-6,9), neutre (pH = 7) ou basique (pH = 7,1-14). Elle peut être déterminée approximativement avec un papier réactif ou, plus précisément, à l'aide d'un pH-mètre électronique. La valeur du pH correspond au logarithme décimal négatif de la concentration en ions hydrogène. Chez un organisme vivant, le pH ne peut varier que très faiblement autour de la valeur neutre. Une modification trop forte peut endommager les fonctions de catalyse des enzymes, ce qui perturbe la décomposition des aliments en nutriments et la construction des tissus organiques.

Vaporisation :

passage d'un liquide à l'état gazeux au point d'ébullition, sous l'action d'une source d'énergie.

Index

Bibliographie

Alick Bartholomew, David Bellamy, *Le génie de Viktor Schauberger :... et si la pénurie d'eau et d'énergie était un faux problème...*, Éditions Le Courrier du Livre, octobre 2005.

Bérangère Tessonier-Mucchielli, *L'impact du droit communautaire sur la distribution et l'assainissement de l'eau en France*, Éditions La Documentation Française, mars 2003.

Christopher Vasey, *L'eau : source vitale de votre santé*, Éditions Jouvence, octobre 2002.

Claude Cardot, *Les traitements de l'eau : procédés physico-chimiques et biologiques, génie de l'environnement*, Éditions Ellipses Marketing, septembre 1999.

Collectif, sous la direction de Claude Cardot, *Techniques appliquées au traitement de l'eau : génie de l'environnement*, Éditions Ellipses Marketing, mai 2001.

Frédéric Lasserre, *L'eau, enjeu mondial : géopolitique du partage de l'eau*, Éditions Le Serpent à Plumes, octobre 2003.

Henri Renaud, *Branchements : eau potable et assainissement*, Éditions Eyrolles, juillet 2002.

Ivan Illich, *HEO : Les eaux de l'oubli*, Éditions Lieu commun, octobre 1988.

Jacques Benveniste, *Ma vérité sur la mémoire de l'eau*, Éditions Albin Michel, avril 2005.

Jacques Collin, *L'eau : le miracle oublié*, Guy Trédaniel, janvier 1990.

Jacques Collin, *L'insoutenable vérité de l'eau*, Éditions Maisnie Trédaniel, septembre 1997.

James Lovelock, *La Terre est un être vivant. L'hypothèse Gaia*, Éditions du Rocher, 1990.

Masaru Emoto, *Le pouvoir guérisseur de l'eau*, Guy Trédaniel, octobre 2005.

Masaru Emoto, *Messages de l'eau*, Alternature, 2002.

Michel Schiff, *Un cas de censure dans la science : l'affaire de la mémoire de l'eau*, Éditions Albin Michel, novembre 1994.

Roger Lenglet, Jean-Luc Touly, *L'eau des multinationales : les vérités inavouables*, Éditions Fayard, janvier 2006.

Rupert Sheldrake, *La mémoire de l'univers*, Éditions du Rocher, octobre 2002.

Sandrine Cabrit-Leclerc, *L'eau à la maison : mode d'emploi écologique*, Éditions Terre vivante, octobre 2005.

Véronique Le Marchand, *L'eau : source de vérité, source de conflit*, Éditions Milan, janvier 2004.

Yves Lacoste, *L'eau dans le monde : les batailles pour la vie*, Éditions Larousse, septembre 2003.

Adresses internet

Loi sur l'Eau : www.ecologie.gouv.fr

Rapport du Sénat sur *La qualité de l'eau et de l'assainissement en France*, rédigé par Gérard Miquel et Henri Revol : www.senat.fr/rap/102-215-1/102-215-1

Adverbum : www.adverbum.fr